Lecture Notes in Mathematics

Edited by A. Dold and B. Eckmann

487

Hans Martin Reimann
Thomas Rychener

Funktionen beschränkter mittlerer Oszillation

Springer-Verlag
Berlin · Heidelberg · New York 1975

Authors

Prof. Hans Martin Reimann
Institut für Angewandte Mathematik
Universität Bern
3000 Bern/Schweiz

Prof. Thomas Rychener
Mathematisches Institut
Universität Bern
3000 Bern/Schweiz

Library of Congress Cataloging in Publication Data

Reimann, Hans M   1941-
    Funktionen beschränkter mittlerer Oszillation.

    (Lecture notes in mathematics ; 487)
    Bibliography: p.
    Includes index.
    1. Functions.   2. Duality theory (Mathematics)
3. Quasiconformal mappings.   4. Potential, Theory
of. I. Rychener, Thomas, 1947-   joint author.
II. Title.   III. Series: Lecture notes in mathematics (Berlin) ; 487.
QA3.L28 no. 487 [QA331] 510'.8s [515] 75-25930

AMS Subject Classifications (1970): 26 A 33, 26 A 69, 30 A 60, 30 A 78, 31 B 15, 31 B 20, 44 A 25, 50 D 45

ISBN 3-540-07404-X Springer-Verlag Berlin · Heidelberg · New York
ISBN 0-387-07404-X Springer-Verlag New York · Heidelberg · Berlin

© by Springer-Verlag Berlin · Heidelberg 1975
Printed in Germany
Offsetdruck: Julius Beltz, Hemsbach/Bergstr.

EINLEITUNG

Der vorliegende Band entstand aus einem Seminar über Funktionen beschränkter mittlerer Oszillation (BMO), das wir im ersten Halbjahr 1974 in Zürich hielten. Die Darstellung gibt einen Einblick in die Theorie der BMO-Funktionen unter den folgenden drei Hauptgesichtspunkten:

- Transformationsverhalten von BMO (Kapitel I und V)
- Der Satz von Gehring und die A_p-Bedingung von Muckenhoupt (Kapitel II und III)
- Der Dualitätssatz von Fefferman und fraktionelle Integration (Kapitel IV und VI)

Die hierzu verwendeten Techniken sind dementsprechend verschiedener Art. Während für den Satz von Fefferman und seine vielfältigen Folgerungen harmonische Funktionen im oberen Halbraum verwendet werden, kommen für die Untersuchung über das Transformationsverhalten vor allem geometrische Ueberlegungen zum Zug. Das fundamentale Ergebnis von John-Nirenberg bildet die methodische Grundlage für die Kapitel II und III.

Die vorliegende Darstellung ist nicht vollständig. So wurde der Zusammenhang von BMO mit der Theorie der partiellen Differentialgleichungen und der Martingaletheorie nicht berücksichtigt. (Zur Theorie der Differentialgleichungen ist man auf die Originalarbeiten angewiesen [20], [24], [25], [44], zur Martingaletheorie konsultiere man Garsia's Buch[13].) Die Interpolationstheorie wurde nur am Rande erwähnt (Kapitel V, VI).

Die Definition der BMO-Funktionen wird im ersten Kapitel diskutiert. Einige elementare Methoden werden entwickelt, die gestatten, die Invarianz des Raumes BMO unter Möbiustransformationen und unter der stereographischen Projektion nachzuweisen. Mit Ausnahme des Hilfssatzes I handelt es sich dabei um neue Resultate.

Die Sätze von John-Nirenberg [21] und Gehring[14] werden einander im zweiten Kapitel gegenübergestellt. Das gemeinsame der Beweistechnik wird dem aufmerksamen Leser nicht entgehen. In diesem Zusammenhang sollten auch die Sätze von Muckenhoupt aus dem dritten Kapitel gesehen werden.

Bei der Charakterisierung von BMO als Dualraum des Hardy-Raumes H^1 folgen wir weitgehend der Darstellung aus der Arbeit von Fefferman und Stein [11]. Ein weiteres Kapitel ist der Invarianz von BMO unter quasikonformen Abbildung gewidmet [32].

In einem letzten Kapitel werden Riesz-Potentiale betrachtet. Dabei vermittelt der Raum BMO zwischen den L^p- beziehungsweise H^p- Räumen und den Räumen der Hölderstetigen Funktionen modulo Polynome. Obwohl dieser Aspekt in dieser oder jener Form bereits behandelt wurde ([22] und [31]), werden hier die Riesz-Potentiale von einem neuen Gesichtspunkt aus betrachtet.

Wir fühlen uns den Teilnehmern des Zürcher Seminars gegenüber zu besonderem Dank für ihre Aufmerksamkeit verpflichtet. Zudem möchten wir an dieser Stelle Frau G. Zbinden für das sorgfältige Tippen des Manuskripts unseren besonderen Dank aussprechen.

Bern im Herbst 1974

HM Reimann

Th Rychener

INHALTSVERZEICHNIS

I FUNKTIONEN BESCHRAENKTER MITTLERER OSZILLATION

In diesem Kapitel werden die Funktionen beschränkter mittlerer Oszillation (BMO) eingeführt und ihre elementaren Eigenschaften diskutiert. Im Gegensatz zum nächsten Kapitel, in welchem masstheoretische Methoden im Vordergrund stehen, wird hier vorderhand nur mit einfachen geometrischen Ueberlegungen argumentiert.

Die Logarithmusfunktion $\log|x|$, $x \in R^n$, ist das wichtigste Beispiel einer BMO-Funktion. Fast könnte man glauben, die ganze Theorie sei für das Studium dieser Funktion entwickelt worden. Ein Beweis für $\log|x| \in$ BMO wurde denn auch bereits in der Arbeit von John - Nirenberg [21] gegeben. Zwei weitere Beispiele, die mit Hilfe der Logarithmusfunktion konstruiert werden, befinden sich in den Abschnitten A (siehe auch [32]) und D.

Vorerst werden einige Hilfssätze formuliert, die teilweise erst später Verwendung finden. Sodann wird bewiesen, dass der Raum BMO invariant ist unter Möbiustransformationen. Satz 2 zeigt, dass anstelle der BMO-Funktionen auf R^n ebensogut BMO-Funktionen auf der Sphäre S^n betrachtet werden können. Abschliessend wird eine Definition für BMO-Funktionen auf Riemannschen Flächen vorgeschlagen.

A DEFINITION

DEFINITION

Eine auf R^n definierte, lokal integrierbare Funktion f ist von beschränkter mittlerer Oszillation ($f \in$ BMO), falls zu jedem Würfel $Q \subset R^n$ eine Konstante a_Q so existiert, dass der Mittelwert der Oszillation

$$⨍_Q |f - a_Q| \; d^n x = \frac{1}{|Q|} \int_Q |f - a_Q| \; d^n x$$

unterhalb einer festen, von Q unabhängigen Schranke liegt.

$$\left(\; |Q| = \int_Q d^n x \; \right)$$

In dieser Definition kann die Konstante a_Q jeweilen durch den Mittelwert $f_Q = \fint_Q f\, d^n x$ ersetzt werden, denn

$$\fint_Q |f - f_Q|\, d^n x \leqslant \fint_Q |f - a_Q|\, d^n x + |a_Q - f| \leqslant 2 \fint_Q |f - a_Q|\, d^n x$$

Für $f \in BMO$ ist also

$$\| f \|_* = \sup_{Q \subset \mathbb{R}^n} \fint_Q |f - f_Q|\, d^n x$$

endlich. Durch $\| \cdot \|_*$ wird auf BMO eine Halbnorm definiert. Aus $\| f \|_* = 0$ folgt $f = c$ f.ü. für eine Konstante $c \in \mathbb{R}$ beziehungsweise $c \in \mathbb{C}$ - je nachdem reell oder komplexwertige Funktionen betrachtet werden. Mit der Norm $\| . \|_*$ ist BMO/ $\mathbb{R}$ (BMO/$\mathbb{C}$) ein Banachraum (vgl. Kapitel IV). Die reellwertigen BMO-Funktionen bilden zudem einen Verband: Ist $f(x) = \sup\{ h(x), g(x) \}$ und Q ein Würfel in $\mathbb{R}^n$ mit $h_Q \geq g_Q$, so ist

$$\fint_Q |f - h_Q|\, d^n x = \frac{1}{|Q|} \left(\int_{Q_1} | h - h_Q| d^n x + \int_{Q_2 \cup Q_3} |g - h_Q|\, d^n x \right)$$

$$\leq \frac{1}{|Q|} \left(\int_{Q_1 \cup Q_3} |h - h_Q| d^n x + \int_{Q_2} |g - g_Q|\, d^n x \right)$$

$$\leq \| h \|_* + \| g \|_*$$

$Q_1 = \{ x \in Q : g(x) < h(x) \}$, $Q_2 = \{ x \in Q \setminus Q_1 : g(x) \geq h_Q \}$

und $Q_3 = Q \setminus (Q_1 \cup Q_2)$.

Anstelle von Würfeln können in der Definition auch andere Mengen verwendet werden, zum Beispiel die Kugeln B. Wie folgendes Beispiel zeigt, bestehen jedoch dafür natürliche Grenzen:

$$f(x,y) = \log^+ \frac{1}{|x|} \cdot g(y)$$

mit

$$g(y) = \begin{cases} 1 - |y - 1| & 0 \leq y \leq 2 \\ 0 & 2 \leq y \\ -g(-y) & y \leq 0 \end{cases}$$

ist eine Funktion in BMO (R^2) (siehe Anhang a). Wird die mittlere Oszillation für ein Rechteck $P_\alpha = \{(x,y) \in R^2: |x| < \alpha \le 1 , |y| \le 1\}$ berechnet, so ergibt sich

$$\fint_{P_\alpha} |f - f_P| \ dxdy = \fint_{P_\alpha} |f| \ dxdy$$

$$= \frac{1}{4\alpha} \ 2 \int_0^\alpha - \log x \ dx \ \ 2 \int_0^1 y \ dy = \frac{1}{2} (1 - \log \alpha)$$

mit $\lim_{\alpha \to 0} \int_{P_\alpha} |f - f_{P\alpha}| \ dxdy = \infty$

Des weiteren kann man sich auf spezielle Familien von Würfeln einschränken. Offensichtlich genügt es, nur achsenparallele Würfel Q_a zu betrachten oder gar nur die Würfel Q_d aus einer fest gewählten dyadischen Zerlegung von R^n (siehe Kapitel II).

$$\sup_{Q_a \subset R^n} \fint_{Q_a} |f - f_{Q_a}| \ d^n x \quad \text{und} \quad \sup_{Q_d \subset R^n} \fint_{Q_d} |f - f_{Q_d}| \ d^n x$$

ergeben dann zu $\|f\|_*$ aequivalente Normen.

In vielen Zusammenhängen ist der Raum BMO ein Ersatz für L^∞. Es sei hier nur vermerkt, dass $L^\infty \subset$ BMO.

B ELEMENTARE HILFSSAETZE

HILFSSATZ 1 (Fefferman - Stein [11]

Ist $Q \subset R^n$ ein Würfel mit Seitenlänge 1, so ist

$$\int_{R^n} \frac{|f(x) - f_Q|}{1 + |x|^{n+1}} \ d^n x \le C \|f\|_*$$

C ist nur von der Dimension n abhängig.

Beweis siehe Anhang b. Da BMO invariant ist unter Dilationen ($\|f(tx)\|_* = \|f(x)\|_*$ für $t > 0$), erhält man für Würfel Q_δ der Seitenlänge δ die Ungleichung

$$\delta \int_{R^n} \frac{|f(x) - f_Q|}{\delta^{n+1} + |x|^{n+1}} \ d^n x \le C \|f\|_* .$$

HILFSSATZ 2

Die im Halbraum $R^n_+ = \{ x = (x_1,\dots,x_n) \in R^n : x_n > 0 \}$ definierte Funktion f erfülle

$$\fint_Q |f - f_Q| d^n x \leq M_1$$

für alle Würfel, deren Verhältnis von Seitenlänge a zu Abstand b = dist $(Q, \partial R^n_+)$ durch $M_2 > 0$ beschränkt ist. Dann gilt für alle Würfel $Q \subset R^n_+$

$$\fint_Q |f - f_Q| d^n x \leq M$$

mit einer von M_1 und M_2 abhängigen Konstanten $M < \infty$.

Beweis siehe Anhang c.

KOROLLAR

Ist $\fint_B |f - f_B| d^n x \leq M_1$ für alle Kugeln $B \subset R^n_+$, deren Verhältnis von Radius r und Abstand b = dist $(B, \partial R^n_+)$ durch M_2 beschränkt ist, so ist die durch Spiegelung auf R^n erweiterte Funktion in BMO.

BEMERKUNG

Wie später erläutert wird, gilt dieses Korollar auch, wenn R^n_+ durch die Einheitskugel B^n ersetzt wird und f durch Spiegelung an der Einheitskugel auf R^n erweitert wird ($\tilde{f}(\frac{x}{|x|^2}) = f(x)$). Aus dem Beweis zum Hilfssatz 1 folgt jedoch schon jetzt:

Ist $\fint_B |f - f_B| d^n x \leq M_1$ für alle Kugeln $B \subset R^n$ mit $\frac{r}{b} \leq M_2$ und wird f durch Spiegelung auf R^n erweitert, so ist $\fint_B |f - f_B| d^n x \leq M'$ für alle Kugeln $B \subset R^n$ mit Radius $B \leq 1$ und $B \cap B^n \neq \emptyset$.

HILFSSATZ 3

Die in R^n, $n \geq 2$ definierte Funktion f erfülle

$$\fint_Q |f - f_Q| \, d^n x \leq M$$

für alle Würfel Q mit $0 \notin Q$. Dann ist $\| f \|_* \leq C\, M$

Beweis siehe Anhang d.

KOROLLAR

Die in R^n definierte Funktion f erfülle

$$\fint_B |f - f_B| \, d^n x \leq M$$

für alle Kugeln B, deren Verhältnis von Radius r und Abstand b zum Nullpunkt beschränkt ist. Dann ist $f \in BMO$.

KOROLLAR

$$f(x) = \log \frac{1}{|x|} \in BMO .$$

Ist B eine Kugel mit $\frac{2r}{b} \leq 1$, so ist $\sup_{x \in B} f(x) = \log \frac{1}{b}$,

$\inf_{x \in B} f(x) = \log \frac{1}{b+2r}$ und

$$\fint_B \left| \log \frac{1}{|x|} - \log \frac{1}{b+2r} \right| d^n x = \fint_B \log \frac{b+2r}{|x|}$$

$$\leq \fint_B \log \frac{b+2r}{b} \leq \log 2$$

Für $n \geq 2$ ist damit das Korollar bewiesen. Für $n = 1$ genügt bereits das Korollar zum Hilfssatz 2, denn $\log \frac{1}{|x|}$ ist eine gerade Funktion.

Ein anderer Beweis für $\log \frac{1}{|x|} \in BMO$ wurde von John-Nirenberg [11] gegeben.

C MOEBIUSTRANSFORMATIONEN

Das Verhalten der Funktion $\log z$ unter der Transformation $z \to z^{-1}$ gibt einen Hinweis auf den folgenden Satz:

SATZ 1

BMO ist invariant unter Möbiustransformationen in R^n.

Dass BMO invariant ist unter Translationen, Dilationen, Rotationen und Spiegelungen an Hyperebenen, folgt unmittelbar aus der Definition. Um zu zeigen, dass $\| f \circ T^{-1} \|_* \leq C \; \| f \|_*$ für alle $f \in$ BMO und für alle Möbiustransformationen T, genügt es, diese Ungleichung für die spezielle Transformation $S(x) = x|x|^{-2}$ zu beweisen. T besitzt nämlich eine Darstellung der Form $T = A_1 \circ S \circ A_2$, wobei A_1 und A_2 aus Translationen, Dilationen, Rotationen und Spiegelungen an Hyperebenen zusammengesetzt sind (siehe Anhang g). Für diese gilt jedoch $\| f \circ A^{-1} \|_* = \| f \|_*$.

Jede Kugel $B' = B'(r,b)$ mit Radius r und Abstand $b > 0$ vom Nullpunkt ist Bild einer Kugel B unter der Transformation S. Ist B' eine Kugel mit $2r \leq b$, so erfüllt die Jacobideterminante $J(x)$ von S die Ungleichung

$$\frac{\sup\limits_{x \in B} |J(x)|}{\inf\limits_{x \in B} |J(x)|} = \left(\frac{2r + b}{b} \right)^{2n} \leq 2^{2n} .$$

Unter dieser Voraussetzung lässt sich der Mittelwert der Oszillation von $f' = f \circ S^{-1}$ über B' leicht abschätzen:

$$⨍_{B'} | f' - f_B | \, d^n x' = \frac{1}{\int_B J \, d^n x} \int_B | f - f_B | \, J \, d^n x$$

$$\leq 2^{2n} \; \| f \|_*$$

Falls $n \geq 2$ so ist die Ungleichung $\| f' \|_* \leq C \, \| f \|_*$ nun eine Folgerung aus dem Korollar zum Hilfssatz 3. Leider versagt diese Beweismethode im Falle $n = 1$. Wir geben im Anhang e einen direkten Beweis von Satz 1, der auch für $n = 1$ gültig ist.

Auf Grund des Resultates von Satz 1 könnte in BMO durch $\sup\limits_T \| f \circ T^{-1} \|_*$ eine unter Möbiustransformationen invariante Norm definiert werden.

D BMO - FUNKTIONEN AUF DER SPHAERE, AUF DER KUGEL UND AUF RIEMANN'SCHEN FLAECHEN

Es liegt nahe, BMO-Funktionen für beliebige Räume und allgemeine (positive) Masse zu definieren. Dazu muss bestimmt werden, für welche Gebiete die mittlere Oszillation beschränkt sein soll. Wir werden uns hier auf drei Beispiele konzentrieren. Allgemeine Masse in R^n werden im Kapitel III behandelt.

1) Auf der Einheitssphäre $S^n \subset R^{n+1}$ mit dem unter Rotationen invarianten Oberflächenmass $d\sigma$ lassen sich auf natürliche Weise "Kugeln" K finden (als Durchschnitt von S^n mit Halbräumen in R^{n+1}). Eine auf S^n definierte, lokal integrierbare Funktion f ist in BMO (S^n), falls

$$\|f\|_{*S^n} = \sup_{K \subset S^n} \frac{1}{\sigma(K)} \int_K |f - f_K| \, d\sigma < \infty$$

(mit $f_K = \frac{1}{\sigma(K)} \int_K f \, d\sigma$)

SATZ 2

Die stereographische Projektion $P: S^n \to R^n$ induziert einen stetigen Isomorphismus von $BMO(R^n)$ auf $BMO(S^n)$:

$$C^{-1} \|f\|_* \leq \|f \circ P^{-1}\|_{*S^n} \leq C \|f\|_*$$

für alle $f \in BMO(R^n)$.

Beweis siehe Anhang f.

2) Der Raum $BMO(B^n)$ besteht aus den in der Einheitskugel $B^n = \{x \in R^n: |x| < 1\}$ definierten Funktionen f mit endlicher Norm

$$\|f\|_{*B^n} = \sup_{B \subset B^n} \int_B |f - f_B| \, d^n x$$

(Mit B werden die Kugeln in R^n bezeichnet).

Gemäss Bemerkung zum Hilfssatz 2 ist $f \in BMO(B^n)$, falls $⨍_B |f - f_B|\, d^n x \leq C$ für alle Kugeln $B \subset B^n$, deren Verhältnis von Radius zum Abstand $(B, \partial B^n)$ beschränkt ist.

KOROLLAR 1 ZUM SATZ 2

Wird $f \in BMO(B^n)$ durch Spiegelung an der Einheitskugel B^n auf R^n fortgesetzt, so ist die fortgesetzte Funktion in $BMO(R^n)$.

Beweis

Ist $\tilde{f}(x) = \begin{cases} f(x) & |x| < 1 \\ f(x|x|^{-2}) & |x| > 1 \end{cases}$ die fortgesetzte Funktion, so erfüllt die auf der Sphäre S^n definierte Funktion $g = \tilde{f} \circ P$ für alle Kugeln $K \subset S^n$ mit $P(K) \cap B^n \neq \emptyset$ und $|P(K)| \leq 1$ die Ungleichung

$$\frac{1}{\sigma(K)} \int_K |g - g_K|\, d\sigma \leq C \;\|f\|_{*B^n}$$

(vgl. die Bemerkung zum Hilfssatz 2). Wegen der Symmetrie von g muss demzufolge diese Ungleichung für alle Kugeln $K \subset S^n$ gelten, deren Volumen $\sigma(K)$ durch eine klein genug gewählte Konstante beschränkt ist. Da $\sigma(S^n) < \infty$, ist demzufolge $g \in BMO(S^n)$. Es gilt (Satz 2)

$$\|\tilde{f}\|_* \leq C' \;\|f\|_{*B^n}$$

für eine nur von n abhängige Konstante C'.

KOROLLAR 2 ZU SATZ 2

Es existiert eine Konstante $C = C(n)$, so dass

$$\|f \circ T\|_{*B^n} \leq C \;\|f\|_{*B^n}$$

für alle $f \in BMO(B^n)$ und für alle Möbiustransformationen T, die B^n auf sich abbilden.

3) Es sei F eine Riemann'sche Fläche, deren universelle Ueberlage - rungsfläche zu $B^2 = D$ konform aequivalent ist. BMO-Funktionen auf F definieren wir durch

$$BMO(F) = \{f: F \to C : f \circ \pi^{-1} \in BMO(D)\},$$

wobei $\pi : D \to F$ eine universelle Ueberlagerung ist. Da sich zwei universelle Ueberlagerungen π_1 und π_2 durch eine Möbiustransformation unterscheiden ($\pi_2 = \pi_1 \circ T$), ergibt sich aus Satz 1, dass die Definition von der Wahl der universellen Ueberlagerung π unabhängig ist.

Es ist eigentlich überraschend, dass diese Definition möglich ist ohne Einbezug der invarianten Metrik $ds^2 = \lambda(z)|dz|^2 = (1-|z|^2)^{-2} \cdot |dz|^2$ (Poincaré Metrik); dies um so mehr, als die BMO-Funktionen in einem gewissen Sinne für die konforme Struktur verantwortlich sind (vgl. Kapitel V). Stützte man sich auf die Poincaré Metrik, so liessen sich die BMO-Funktionen auf F natürlich auch durch

$$BMO(F,\lambda) = \{f : F \to C : f \circ \pi^{-1} \in BMO(D,\lambda)\}$$

definieren. Die Norm

$$\|h\|_{*,\lambda} = \sup_{B \subset D} \frac{1}{\int_B \lambda \, dxdy} \int_B |h - h_{D,\lambda}| \, \lambda \, dxdy$$

von $h \in BMO(D,\lambda)/C$ ist natürlich invariant unter konformen Selbstabbildungen des Einheitskreises D. $f \in BMO(F,\lambda)/C$ könnte also durch $\|f \circ \pi^{-1}\|_{*,\lambda}$ normiert werden.

Die Existenz nichttrivialer Funktionen $f \in BMO(F)$ und $f \in BMO(F,\lambda)$ bereitet etwelche Schwierigkeiten. Wir geben hier ein Beispiel für eine Funktion $f \in BMO(F)$ $(f \notin L^\infty)$:
Es sei π eine universelle Ueberlagerung $\pi : D \to F$ und Γ die Gruppe der Decktransformationen. Wir wählen einen Fundamentalbereich $A \subset D$ für die Gruppe Γ, der eine Umgebung $\{z : |z| < 2t\}$ des Nullpunktes enthält, und setzen

$$h(g(z)) = \log^+ \frac{t}{|z|} \qquad \text{für } z \in A, \ g \in \Gamma .$$

Durch $h = f \circ \pi$ ist f auf F eindeutig definiert, denn $h \circ g = h$ für $g \in \Gamma$. Um zu zeigen, dass $h \in BMO(D)$ und damit $f \in BMO(F)$ wählen wir einen Kreis $B \subset D$, dessen nichteuklidscher Flächeninhalt $\lambda(B) = \int_B \lambda \, dxdy = \int_B (1-|z|^2)^{-2} dxdy$ durch πt^2 beschränkt ist. Falls $g(B) \cap \{z: |z| < t\} = \emptyset$ für alle $g \in \Gamma$, so ist $h = 0$ in B. Andernfalls ist $g(B) \subset \{z: |z| < 2t\}$ für (genau) ein $g \in \Gamma$.

Da $\| \log^+ \frac{t}{|z|} \circ g \|_* \leq C \| \log^+ \frac{t}{|z|} \|_* = C' < \infty$, folgt daraus

$$\int_B |h - h_B| \, dxdy \leq C' .$$

Durch Rechnen überzeugt man sich, dass die Kreise B mit $\lambda(B) \leq \pi t^2$ alle Kreise enthalten, deren Verhältnis von Radius und Abstand $(B, \partial D)$ durch eine klein genug gewählte Konstante beschränkt ist. Gemäss der Bemerkung zum Hilfssatz 2 ist also $f \in BMO(D)$.

Wir bemerken, dass $BMO(F,\lambda) \subset BMO(F)$. Ist nämlich B ein Kreis in D, dessen Verhältnis von Radius r zu Abstand $d = \text{dist}(B, \partial D)$ durch 1 beschränkt ist, so gilt

$$\frac{\sup_{z \in B} \lambda(z)}{\inf_{z \in B} \lambda(z)} \leq \text{const.} \left(\frac{1-(1-(d+2r))}{1-(1-d)} \right)^2 \leq \text{const.}$$

Aus

$$\frac{1}{\int_B \lambda \, dxdy} \int_B |h - h_{B,\lambda}| \, \lambda \, dxdy \leq \| h \|_{*,\lambda} < \infty$$

folgt daher für diese Kreise

$$\int_B |h - h_{B,\lambda}| \, dxdy \leq \text{const.} \, \| h \|_{*,\lambda} .$$

Nach der Bemerkung zum Hilfssatz 2 ist also $BMO(D,\lambda) \subset BMO(D)$ und damit $BMO(F,\lambda) \subset BMO(F)$.

Die Frage nach einer Funktion in BMO(D), die nicht in $BMO(D,\lambda)$ ist, bleibt offen. Ist $f \in BMO(F,\lambda)$?

ANHANG I

a) HILFSSATZ [32]

Die auf R definierte Funktion g erfülle

$$k_g = \sup_{x \in R} |g(x)| + \sup_{x,y \in R} |g(x)-g(y)| \left(1 + \log^+ \frac{1}{|x-y|} \right) < \infty$$

Ist $f \in BMO(R^n)$ und $k_f = \sup_{|Q| \geq 1} \left| \int_Q f \, d^n x \right| < \infty$,

so ist $h(x,g) = f(x)\, g(y) \in BMO(R^{n+1})$

Anwendungen

$$g(y) = \begin{cases} 1 - |y-1| & 0 \leq y \leq 2 \\ 0 & 2 \leq y \\ -g(y) & y \leq 0 \end{cases}$$

erfüllt die Voraussetzung des Hilfssatzes und $f = \log^+ \frac{1}{|x|}$ ist in BMO (Nach dem Korollar zum Hilfssatz 3 ist $\log \frac{1}{|x|} \in$ BMO, also auch $\log^+ \frac{1}{|x|} = \max\{0, \log \frac{1}{|x|}\}$). Da zudem $k_f < \infty$, ist

$f(x,y) = \log^+ \frac{1}{|x|}\, g(y) \in$ BMO.

Als weitere Anwendung notieren wir, dass

$$f(x,y) = \frac{\log^+ \frac{1}{|x|}}{1 + \log^+ \frac{1}{|y|}} \in BMO(R^2)$$

Beweis des Hilfssatzes:

$Q \subset R^{n+1}$ lässt sich als direktes Produkt $Q = P \times S$ von Würfeln $P \subset R^n$, $S \subset R$ darstellen. Mit

$$h_Q = \int_Q f(x)\, g(y)\, dxdy = f_P \cdot g_S$$

gilt dann

$$\fint_Q |h - h_Q| \, dxdy \leq \fint_Q |fg - h_P g| \, dxdy + \fint_Q |f_P g - f_P g_S| \, dxdy$$

$$\leq \fint_S |g(y)| \, dy \fint_P |f - f_P| \, dx + |f_P| \fint_S |g - g_S| \, dy$$

Aus der Abschätzung

$$\fint_S \Big| g(y) - \fint_S g(t) \, dt \Big| \, dy \leq \fint_S \fint_S |g(y) - g(t)| \, dtdy$$

$$\leq \fint_S \fint_S k_g \frac{1}{1 + \log^+ \frac{1}{|y-t|}} \leq k_g \frac{1}{1 + \log^+ \frac{1}{|S|}}$$

folgt daher für $|Q| \geq 1$

$$\fint_Q |h - h_Q| \, dxdy \leq k_g \|f\|_* + k_f k_g$$

und für $|Q| < 1$

$$\fint_Q |h - h_Q| \, dxdy \leq k_g \Big(\|f\|_* + \frac{|f_P|}{1 + \log^+ \frac{1}{|S|}} \Big)$$

Ist $Q_1 \subset R^n$ ein Würfel mit Kantenlänge 1 und Q_r der konzentrische Würfel mit Kantenlänge $r \leq 1$, so gilt

$$|f_{Q_1} - f_{Q_r}| \leq (2^n+1) \Big(1 - \frac{\log r}{\log 2} \Big) \|f\|_* .$$

Setzt man $f_s = f_{Q_{2^{-s}}}$ $s = 0,1,\ldots,$ so erhält man

$$|f_s - f_{s-1}| = 2^{ns} \int_{Q_{2^{-s}}} |f_s - f_{s-1}| \, dx \leq 2^{ns} \int_{Q_{2^{-s}}} (|f_s - f| + |f - f_{s-1}|) \, dx$$

$$\leq 2^{ns} \int_{Q_{2^{-s+1}}} |f - f_{s-1}| \, dx + \|f\|_* \leq (2^n+1) \|f\|_*$$

$$|f_s - f_{Q_1}| = |f_s - f_0| \leq \sum_{k=1}^{s} |f_k - f_{k-1}| \leq s \, (2^n+1) \|f\|_*$$

und daher

$$|f_{Q_r} - f_{Q_1}| \leqslant (2^n+1)\ \frac{-\log r}{\log 2}\ \|f\|_*$$

für $r = 2^{-s}$. Für beliebige $r \leqslant 1$ gilt also

$$|f_{Q_r} - f_{Q_1}| \leqslant (2^n+1)\ (1 - \frac{\log r}{\log 2})\ \|f\|_*$$

und damit

$$|f_{Q_r}| \leqslant |f_{Q_1}| + (2^n+1)\ (1 - \frac{\log r}{\log 2})\ \|f\|_*$$

Der Beweis des Lemmas lässt sich nun vervollständigen:

$$\frac{|f_P|}{1+\log^+ \frac{1}{|S|}} \leqslant k_f + (2^n+1)\ \|f\|_*\ \frac{1 - \frac{\log |S|}{\log 2}}{1 - \log |S|}$$

$$\leqslant k_f + (2^n+1)\ \|f\|_*\ \frac{1}{\log 2}$$

b) BEWEIS DES HILFSSATZES 1

Wie im Beweis zum Hilfssatz des Teils a) im Anhang lässt sich zeigen, dass (mit $f_t = f_{\Omega_{2t}}$)

$$|f_t - f_{t-1}| \leqslant (1+2^n)\ \|f\|_*$$

für konzentrische Würfel. Ist $Q = Q_1$ der Einheitswürfel mit Zentrum 0, so erhält man daraus

$$\int_Q |f-f_Q|\ d^nx \leqslant \int_Q |f-f_t|\ d^nx + |f_t-f_Q| \leqslant (1+(1+2^n)t)\|f\|_*$$

Durch Summation der Ungleichung

$$\int_{Q_{2^t}} \frac{|f(x)-f_Q|}{2^{(n+1)t}}\ d^nx \leqslant (1+(1+2^n)t)\,2^{-t}\ \|f\|_*$$

folgt

$$\int_{R^n} a(x)\,|f(x)-f_Q|\,d^nx \leq \sum_{t=0}^{\infty} (1+(1+2^n)t)2^{-t}\,\|f\|_* < \infty$$

mit $\quad a(x) = \sum_{t=k}^{\infty} 2^{-t(n+1)} = \frac{2^{-k(n+1)}}{1-2^{-(n+1)}} \geq \frac{1}{2^{k(n+1)}}$ solange

$x \in Q_{2^k} \setminus Q_{2^{k-1}}$ (und damit $|x| \geq \frac{1}{2}2^{k-1}$), nun ist für diese x

$$\frac{1}{1+|x|^{n+1}} \leq \frac{1}{1+2^{(k-2)(n+1)}} \leq 4^{n+1}\,2^{-k(n+1)} \leq 4^{n+1}\,a(x),$$

daraus folgt

$$\int_{R^n} \frac{|f(x)-f_Q|}{1+|x|^{n+1}}\,d^nx \leq 4^{n+1} \sum_{t=0}^{\infty} (1+(1+2^n)t)2^{-t}\,\|f\|_* .$$

c) BEWEIS DES HILFSSATZES 2

Wir betrachten nur achsenparallele Würfel und setzen also voraus, dass

$$\fint_Q |f-f_Q|\,d^nx \leq M_1$$

für Würfel Q mit $\frac{a}{b} \leq M_2$ (a Seitenlänge, b Abstand $(Q, \partial R^n_+)$). Es genügt zu zeigen, dass

$$\fint_Q |f-f_Q|\,d^nx \leq M_o$$

für alle Würfel Q, deren Grundfläche in ∂R^n_+ liegt. Wir wählen einen derartigen Würfel mit Seitenlänge a.

Ist Q ein (achsenparalleler) Würfel, so bezeichnen wir mit P seine Projektion in ∂R^n_+. Wir bestimmen $c > 0$ durch die Gleichung $(c+1)^2 = M_2+1$. Q_1 und Q_2 seien Würfel mit $\frac{a_1}{b_1} = \frac{a_2}{b_2} = c$ und die Deckfläche von Q_2 sei in der Grundfläche von Q_1 enthalten: $b_1 = b_2 + a_2$, $P_2 \subset P_1$. Es existiert dann ein Würfel Q', der $Q_1 \cup Q_2$ enthält, mit $a' = a_1 + a_2$ und $b' = b_2$. Offensichtlich ist

$$\frac{a_1}{a_2} = \frac{b_1}{b_2} = 1 + c$$

und aus

$$a'/b'+1 = \frac{a_1 + a_2 + b_2}{b^1} = \frac{a_1}{b_2} + c + 1 = \frac{cb_1}{b_2} + c + 1$$

$$= (c+1)^2$$

folgt mit der speziellen Wahl von c, dass $\frac{a'}{b'} = M_2$.

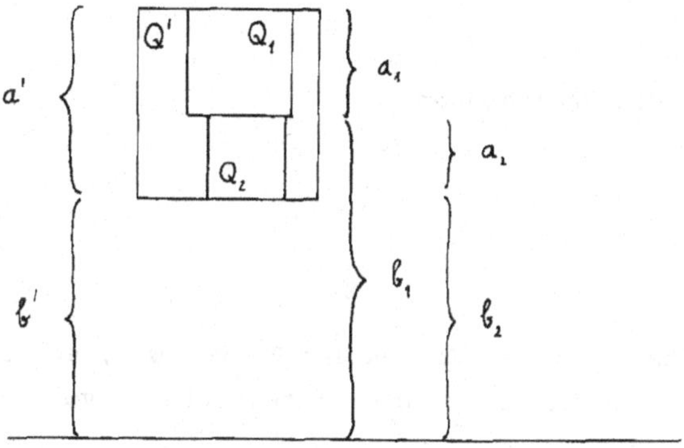

Da Q' also die Voraussetzung des Hilfssatzes erfüllt, gilt für die Mittelwerte $f_i = \fint_{Q_i} f\, d^n x$, $i = 1,2$

$$|f_i - f_{Q'}| = \left| \frac{1}{|Q_i|} \int_{Q_i} (f-f_{Q'})\, d^n x \right| \leq \frac{|Q'|}{|Q_i|} \fint_{Q'} |f-f_Q|\, d^n x$$

$$\leq \left(\frac{a^1}{a_i}\right)^n M_1 \leq \left(\frac{a_1+a_2}{a_2}\right)^n M_1 \leq (2+c)^n M_1$$

und daher

$$|f_1-f_2| \leq 2 M_1 \, (1+\sqrt{1+M_2})^n = K.$$

Wir bezeichnen weiterhin mit P die Projektionen der (achsenparallelen) Würfel Q und benutzen die Koordinaten

$$x = (y,z) \; ; \quad y \in \partial R^n_+ \, , \; z = x_n \geq 0 .$$

Zum Würfel Q mit Seitenlänge a, dessen Grundfläche (=P) in ∂R^n_+ liegt, bestimmen wir den Würfel Q_0 folgendermassen:

$$a_0 = a\, c\, (1+c)^m$$

$$b_0 = a\, (1+c)^m$$

Die Projektion P_0 soll konzentrisch zu P sein, und der Exponent m erfülle die Ungleichung

$$1 + \frac{c}{1+c} \leqslant c\, (1+c)^m$$

Die Würfel Q_j seien durch die Bedingungen

$$a_j = a\, c\, (1+c)^{m-j}$$

$$b_j = a\, (1+c)^{m-j}$$

festgelegt. Ist y der Mittelpunkt der Projektion P_j von Q_j , so bezeichnen wir diese Würfel auch mit $Q_{j,y}$. Die Mittelwerte u_j von u über Q_j erfüllen nun

$$|f_0 - f_1| \leqslant K \qquad \text{falls } P_1 \subset P_0$$

und demzufolge

$$|f_0 - f_j| \leqslant jK \qquad \text{falls } P_j \subset P_0$$

Da zudem $\frac{a_j}{b_j} = c \leqslant M_2$, ist

$$\fint_{Q_j} |f(x) - f_0|\, d^n x \leqslant \fint_{Q_j} |f(x) - f_j|\, d^n x + |f_j - f_0|$$

$$\leqslant M_1 + jK$$

Die Wahl von m garantiert nun, dass $P_{j,y} \subset P_0$,

falls $y \in P$ und $j > m$. Es ist nämlich

$$a + a_j = a\, (1 + c\, (1+c)^{m-j}) \leqslant a\, (1+\frac{c}{1+c})$$

$$\leqslant a\, c\, (1+c)^m = a_0$$

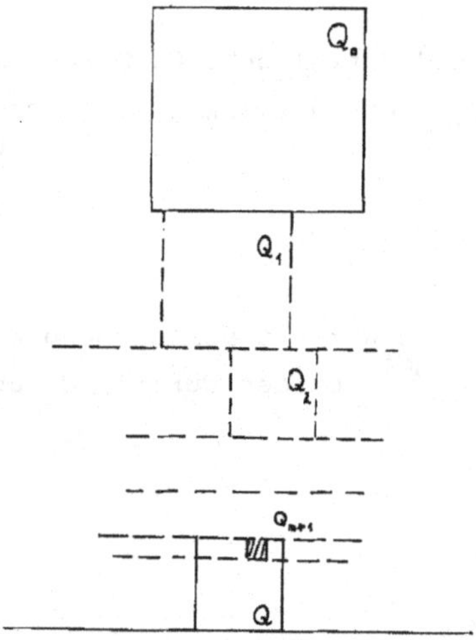

Ebenfalls für $j > m$ gilt (mit $x = (y,z)$)

$$\int_{b_j}^{b_{j-1}} dz \int_P d^{n-1}y \; |f(x)-f_0|$$

$$\leq \int_P d^{n-1}y \int_{Q_{j,y}} |f(x)-f_0| \; d^n x \; \frac{1}{a_j^{\,n-1}}$$

$$\leq a_j \int_P d^{n-1}y \; ⨍_{Q_{j,y}} |f(x)-f_0| \; d^n x \leq a_j \; a^{n-1} \; (M_1+jK)$$

$$\leq a^n \; c \; (1+c)^{m-j} \; (M_1+jK)$$

Eine Summation über j führt schliesslich zu

$$\int_Q |f(x)-f_0| \; d^n x = \int_0^l dz \int_P d^{n-1}y \; |f(x)-f_0|$$

$$= \sum_{j=m+1}^{\infty} \int_{b_j}^{b_{j-1}} dz \int_P d^{n-1}y \; |f(x)-f_0|$$

$$\leq a^n c \sum_{j=m+1}^{\infty} (M_1+jK) \; (1+c)^{m-j}$$

Daher ist

$$⨍_Q |f(x)-f_Q| \; d^n x \leq 2 ⨍_Q |f(x)-f_0| \; d^n x \leq M_0$$

mit $M_0 = 2 \, c \sum_{j=m+1}^{\infty} (M_1+jK) \; (1+c)^{m-j} < \infty$

d) BEWEIS ZUM HILFSSATZ 3

Q sei ein Würfel der Seitenlänge a und Mittelpunkt 0. Durch Halbierung der Seiten zerlegen wir Q in 2^n offene disjunkte Teilwürfel Q_j der Seitenlänge a/2.

$$Q = \bigcup_{j=1}^{2^n} Q_j \cup N , \qquad |N| = 0$$

Der um a/2 in Richtung der i-ten Kante des Würfels verschobene Würfel Q bezeichnen wir mit Q^i. Q^i enthält 2^{n-1} von den Würfeln Q_j und da $0 \notin Q^i$ gilt für diese Würfel

$$|f_{Q^i} - f_{Q_j}| \leq \frac{1}{|Q_j|} \int_{Q_j} |f(x) - f_{Q^i}| \, d^n x$$

$$2^n \fint_{Q^i} |f(x) - f_{Q^i}| \, d^n x \leq 2^n M$$

und daher

$$|f_{Q_j} - f_{Q_k}| \leq 2^{n-1} M ,$$

falls $Q_j \cup Q_k \subset Q^i$. Da i beliebig und $n \geq 2$, ergibt sich

$$|f_{Q_j} - f_{Q_k}| \leq 2^{n+2} M$$

für alle Indices j, k. Daraus folgt

$$\fint_Q |f(x) - f_{Q_k}| \, d^n x = 2^{-n} \sum_{j=1}^{2^n} \fint_{Q_j} |f(x) - f_{Q_k}| \, d^n x$$

$$\leq 2^{-n} \sum_j \left(\fint_{Q_j} |f(x) - f_{Q_j}| \, d^n x + |f_{Q_j} - f_{Q_k}| \right)$$

$$\leq M \, (1 + 2^{n+2}) .$$

Ist Q ein Würfel der Seitenlänge a, der den Nullpunkt enthält, so existiert ein Würfel Q' mit Seitenlänge 2a, der Q enthält und im Nullpunkt zentriert ist.

$$\fint_Q |f(x) - f_Q| \, d^n x \leq \frac{|Q'|}{|Q|} \fint_{Q'} |f(x) - f_Q| \, d^n x$$

$$\leq 2^n \, 2 \fint_{Q'} |f(x) - f_{Q'}| \, d^n x \leq 2^{n+1} M \, (1 + 2^{n+2})$$

e) BEWEIS VON SATZ 1

Es sei $f \in \mathrm{BMO}(R^n)$, $S(x) = \frac{x}{|x|^2}$ und $f' = f_0 S^{-1}$. Wir zeigen, dass $\|f'\|_* \leq \text{const.}\ \|f\|_*$. Mit $B'(r,c)$ bezeichnen wir eine Kugel mit Radius r und Abstand c des Zentrums vom Nullpunkt.

Fall 1: $B' = B'(r,c)$ erfüllt $2r \leq c$, $B = S^{-1}B'$

Die Jacobideterminante $J(x)$ von S erfüllt die Ungleichung

$$\frac{\sup\limits_{x\in B} |J(x)|}{\inf\limits_{x\in B} |J(x)|} = \left(\frac{c+r}{c-r}\right)^{2n} \leq 3^{2n}.$$

Daraus folgt

$$\fint_{B'} |f'-f_B|\ d^n x' = \frac{1}{\int_B J\ d^n x} \int_B |f-f_B|\ J\ d^n x$$

$$\leq 3^{2n}\ \|f\|_*$$

Fall 2: $B' = B'(r,0)$, $B = \left\{x \in R^n : |x| \geq \frac{1}{r}\right\}$

Wie leicht aus Hilfssatz 1 hervorgeht, gilt die Abschätzung

$$\int_{R^n} \frac{|f(x)-f_1|}{1+|x|^{2n}}\ d^n x \leq A\ \|f\|_*$$

mit $f_\lambda = \int_{B(\lambda,0)} f\ d^n x$. Anwendung dieser Ungleichung auf die Funktion $f(\lambda x)$, $\lambda > 0$, führt auf

$$\int_{R^n} \frac{|f(\lambda x)-f_\lambda|}{1+|x|^{2n}}\ d^n x = \lambda^n \int_{R^n} \frac{|f(x)-f_\lambda|}{\lambda^{2n}+|x|^{2n}}\ d^n x \leq A\ \|f\|_*.$$

Setzt man $\lambda = \frac{1}{r}$, so erhält man für die mittlere Oszillation über B':

$$\fint_{B'} |f'(x')-f_\lambda|\ d^n x' \leq \frac{2}{|B'|} \int_{B'} \frac{|f'(x')-f_\lambda|}{1+\lambda^{2n}|x'|^{2n}}\ d^n x'$$

$$= \frac{2}{|B'|} \int_B \frac{|f(x)-f_\lambda|}{1+\frac{\lambda^{2n}}{|x|^{2n}}}\ \frac{1}{|x|^{2n}}\ d^n x \leq A'\ \|f\|_*$$

Fall 3: $B' = B'(r,c)$ erfüllt $2r > c$.

Unter dieser Voraussetzung ist $B' \subset B'(3r,0)$ und $|B'(3r,0)| = 3^n |B'|$. Mit $\lambda = \frac{1}{3r}$ erhält man

$$\int_{B'} |f'(x')-f_\lambda| \, d^n x' \leq 3^n \int_{B'(3r,0)} |f(x')-f_\lambda| \, d^n x'$$

$$\leq 3^n A' \|f\|_*$$

gemäss Fall 2.

f) BEWEIS VON SATZ 2

Wir bezeichnen mit $P: S^n \to R^n \cup \{\infty\}$ die stereographische Projektion. S^n ist die n-dimensionale Einheitssphäre: $S^n = \{x \in R^{n+1}: |x| = 1\}$ und P ist durch

$$z = P(x) = \frac{(x_1,\ldots,x_n)}{1 - x_{n+1}}$$

gegeben. Dem Punkt $(0,\ldots,0,1)$ wird der Punkt ∞ zugeordnet.

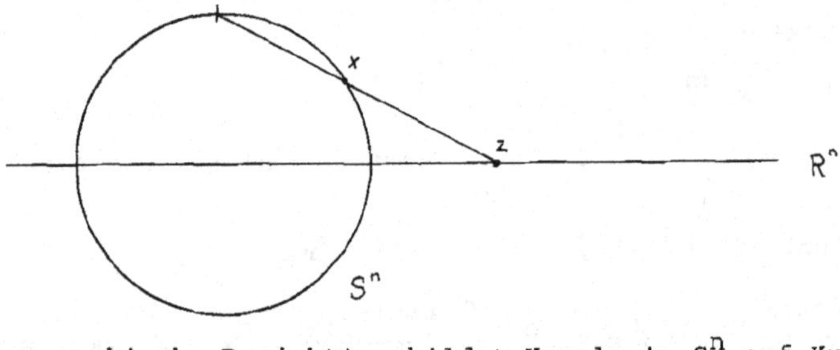

Die Stereographische Projektion bildet Kugeln in S^n auf Kugeln, Halbebenen oder zu Kugeln komplementäre Gebiete in R^n ab (abgesehen vom Punkt ∞). Jede Kugel in R^n ist das Bild einer Kugel in S^n. Ist σ das invariante Mass auf S^n, so ist bei geeigneter Normierung

$$\frac{d^n z}{d\sigma} = (1-x_{n+1}) \qquad -1 \leq x_{n+1} \leq 1$$

die Jacobideterminante von P und

$$\frac{d\sigma}{d^n z} = (1-x_{n+1})^n = \left(\frac{2}{1+|z|^2}\right)^n$$

die Jacobideterminante der inversen Abbildung P^{-1}.

Teil 1

Es sei $f \in BMO(S^n)$. Zu zeigen ist, dass $g = f \circ P^{-1} \in BMO(R^n)$. Wir wählen eine Kugel $B = B(r,c)$ mit Radius r und Mittelpunkt z, $|z| = c$, und setzen $B' = P^{-1}B$.

Unter der Voraussetzung $2r \leqslant c$ lässt sich leicht zeigen, dass

$$\fint_B |g(z)-f_{B'}| \, d^n z \leqslant 9^n \, \|f\|_{*,S^n}$$

mit $f_{B'} = \frac{1}{\sigma B'} \int_{B'} f d\sigma$. Da nämlich

$$\fint_B |g-f_{B'}| \, d^n z = \frac{1}{\int_{B'} \frac{d^n z}{d\sigma} d\sigma} \int_B |f-f_{B'}| \frac{d^n z}{d\sigma} \, d\sigma \, ,$$

muss nur bemerkt werden, dass

$$\frac{\sup\limits_{x \in B'} \frac{d^n z}{d\sigma}}{\inf\limits_{x \in B'} \frac{d^n z}{d\sigma}} = \left(\frac{1 + |c+r|^2}{1 + |c-r|^2} \right)^n \leqslant 9^n$$

Ist jedoch $2r > c$, so lässt sich $B(r,c)$ mit der Kugel $B(3r,0)$ vergleichen. Falls eine Konstante a existiert, so dass

$$\fint_{B(3r,0)} |g - a| \, d^n z \leqslant C_n \, \|f\|_{*,S^n} \, , \qquad (*)$$

so ist

$$\fint_{B(r,0)} |g - a| \, d^n z \leqslant 3^n \fint_{B(3r,0)} |g - a| \, d^n z \leqslant 3^n \, C_n \, \|f\|_{*,S^n}$$

Die Schwierigkeit besteht also darin, für Kugeln $B = B(r,0)$, die im Nullpunkt zentriert sind, eine Abschätzung (*) zu finden. Wir nehmen $r \geqslant 1$ an; für $r < 1$ ergeben sich keine Schwierigkeiten.

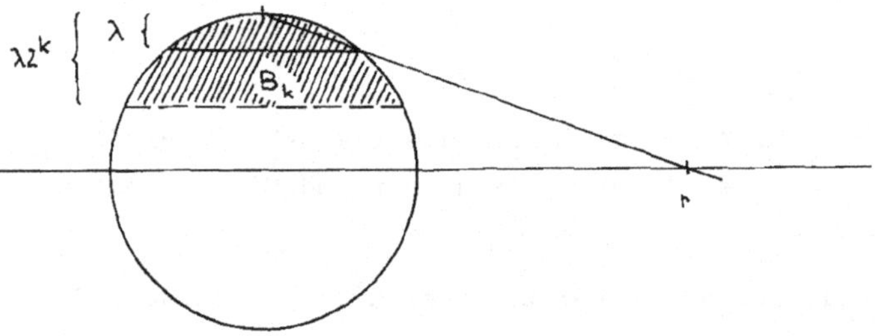

B_k sei die Kugel $\{x \in S^n: \; x_{n+1} \geq 1-\lambda 2^k\}$, $k = 0,1,\ldots,$ λ wird durch die Beziehung $1 + r^2 = \frac{2}{\lambda}$ bestimmt derart, dass also $B_0 = S \setminus B'$. Zuerst leiten wir grobe Abschätzungen für σB_k und für $\frac{\sigma B_k}{\sigma B_{k-1}}$ her.

Das Volumen der Kugel $B_\alpha = \{x \in S^n: \; x_{n+1} > \cos \beta\}$

ist durch

$$\sigma B_\alpha = n \, \omega_n \int_0^\alpha \sin^{n-1} t \, dt \qquad 0 \leq \beta \leq \pi$$

gegeben (ω_n ist das Volumen der n-dim Einheitskugel in R^n) Für $\cos t \geq 0$ verwenden wir die Abschätzungen

$$(1-\cos t)^{n/2} \leq \sin^2 t \leq 2 \, (1-\cos t).$$

Durch Integration von $\int_0^\alpha \sin^{n-2} t \sin t \, dt$ folgt daraus $(n \geq 2)$

$$\frac{2}{n} \, (1-\cos\alpha)^{n/2} \leq \int_0^\alpha \sin^{n-1} t \, dt \leq \frac{2}{n} \; 2^{n/2 \, -1} \quad (1-\cos\alpha)^{n/\alpha}$$

und daher

$$2 \, \omega_n \, (1-\cos \alpha)^{n/2} \leq \sigma B_\alpha \leq \omega_n \; 2^{n/2} \, (1-\cos \alpha)^{n/2} \qquad n \geq 2$$

$$\sqrt{2} \, \omega_1 \, (1-\cos \alpha)^{\frac{1}{2}} \leq \sigma B_\alpha \leq \omega_1 \; 2 \, (1-\cos \alpha)^{\frac{1}{2}} \qquad (n = 1)$$

(man beachte die Gleichheit für $n = 2$).

Sind nun B_k die oben eingeführten Kugeln

$B_k = \{x \in S^n: \; x_{n+1} > 1-\lambda \, 2^k\}$, $k = 0,1,\ldots,$ so gilt für $\lambda 2^k \leq 1$

$$\frac{\sigma B_k}{\sigma B_{k-1}} \leqslant \frac{\omega_n 2^{n/2} (\lambda 2^k)^{n/2}}{2\omega_n (\lambda 2^{k-1})^{n/2}} = 2^{n-1} \qquad n \geqslant 2$$

$$\frac{\sigma B_k}{\sigma b_{k-1}} \leqslant 2^{\frac{1}{2}} \qquad n = 1 \quad .$$

Für $\lambda 2^k \geqslant 1$ ist sowieso

$$\frac{\sigma B_k}{\sigma B_{k-1}} \leqslant c'$$

mit einer von n abhängigen Konstanten c'. Des weiteren ist für $\lambda 2^k \leqslant 1/2$

$$\sigma B_k \leqslant \omega_n 2^{n/2} (\lambda 2^k)^{n/2}$$

beziehungsweise für n = 1:

$$\sigma B_k \leqslant \omega_1 2 (\lambda 2^k)^{1/2} \quad .$$

Man wählt nun den Index K so, dass $2 \leqslant \lambda 2^K < 4$.

Für alle $k \leqslant K$ gilt dann

$$\sigma B_k \leqslant \omega_n (c')^2 2^{(n+1)/2} (\lambda 2^k)^{n/2} .$$

Wie im Beweis zum Hilfssatz 1 können die Differenzen für die Mittelwerte

$$f_k = \frac{1}{\sigma B_k} \int_{B_k} f \, d\sigma \qquad \text{abgeschätzt werden:}$$

$$|f_k - f_{k-1}| \leqslant \|f\|_{*S^n} + \frac{\sigma B_k}{\sigma B_{k-1}} \frac{1}{\sigma B_k} \int_{B_k} |f - f_k| \, d\sigma$$

$$\leqslant \|f\|_{*,S^n} \; c''$$

mit

$$c'' = \begin{cases} \max \{1 + 2^{n-1}, 1 + c'\} & n \geqslant 2 \\ \max \{1 + 2^{1/2}, 1 + c'\} & n = 1 \end{cases}$$

Demzufolge ist

$$\frac{1}{\sigma B_k} \int_{B_k} |f - f_0| \, d\sigma \leq \|f\|_{*,S^n} + \|f_k - f_0\|$$

$$\leq (1 + c''k) \|f\|_{*S^n} .$$

Da für $x \in B_k \setminus B_{k-1}$

$$\frac{1}{1-x_{n+1}} \leq (\lambda \, 2^{k-1})^{-1} ,$$

erhält man für $r \geq 1$ und damit für $\lambda \leq 1$

$$\int_{S^n \setminus B_0} |f - f_0| \frac{1}{(1-x_{n+1})^n} \, d\sigma \leq \lambda^{-n} \, 2^n \sum_{k=1}^{K} \int_{B_k} |f - f_0| \, 2^{-nk} \, d\sigma$$

$$\leq \lambda^{-n} \, 2^n \, \|f\|_{*,S^n} \sum_{k=1}^{K} (1 + c''k) \, 2^{-nk} \, \sigma B_k$$

$$\leq \lambda^{-n/2} \, 2^n \, \omega_n \, c'^2 \, 2^{(n+1)/2} \sum_{k=1}^{K} 2^{-kn/2} \, \|f\|_{*,S^n} \, (1 + c''k)$$

$$\leq \lambda^{-n/2} \, \omega_n \, c_n \, \|f\|_{*,S^n} .$$

Mit der Abschätzung

$$|B| = \omega_n \, r^n = \omega_n \left(\frac{2-\lambda}{\lambda}\right)^{n/2} \geq \omega_n \, \lambda^{-n/2}$$

folgt schliesslich

$$⨍_B |g(z) - f_0| \, d^n z \leq \lambda^{n/2} \, \omega_n^{-1} \int_{B'} |f - f_0| \frac{1}{(1-x_{n+1})^n} \, d\sigma$$

$$\leq c_n \, \|f\|_{*,S^n}$$

Teil 2

Es sei $g \in \mathrm{BMO}(R^n)$. Nach Satz 1 ist $\tilde{g}(x) = g\left(\frac{x}{|x|^2}\right) \in \mathrm{BMO}$ und $\|\tilde{g}\|_* \leq C \, \|g\|_*$. Wir betrachten Kugeln $B' \subset S^n$, deren Radius r (in der durch σ erzeugten Metrik) kleiner als $\frac{\pi}{3}$ ist. Die $n+1$ -te Koordinate des Mittelpunktes von B' bezeichnen wir mit t, $-1 \leq t \leq 1$. Ist

$t \leqslant 0$ so ist $B = P\,B' \subset \{z \in R^n : |z|^2 \leqslant 3\}$. Für $|z|^2 \leqslant 3$ ist jedoch

$$\frac{\sup \frac{d\sigma}{d^n z}}{\inf \frac{d\sigma}{d^n z}} \leqslant \sup_{|z|^2 \leqslant 3} (1 + |z|^2)^n = 4^n ,$$

daher gilt für $f = g \circ P$

$$\frac{1}{\sigma B'} \int_{B'} |f - g_B|\, d\sigma = \frac{1}{\int_B (1+|z|^2)^{-n}\, d^n z} \int_B |g-g_B| \frac{1}{(1+|z|^2)^n}\, d^n z$$

$$\leqslant 4^n \int_B |g - g_B|\, d^n z \leqslant 4^n \, \|g\|_* .$$

Für $t > 0$ betrachten wir die an der Ebene $x_{n+1} = 0$ gespiegelte Funktion $\tilde{f}(x) = f\,(x_1, \ldots, x_n, -x_{n+1})$ sowie die gespiegelte Kugel $\tilde{B}'$.

Die Inversionsabbildung $S : x \to \frac{x}{|x|^2}$ bildet B auf $\tilde{B} = P\,\tilde{B}'$ ab. Wegen der Invarianz von σ ist

$$\frac{1}{\sigma B'} \int_{B'} |f - \tilde{g}_{\tilde{B}}|\, d\sigma = \frac{1}{\sigma \tilde{B}'} \int_{\tilde{B}'} |\tilde{f} - \tilde{g}_{\tilde{B}}|\, d\sigma$$

$$\leqslant 4^n \int_{\tilde{B}} |\tilde{g} - \tilde{g}_{\tilde{B}}| \leqslant 4^n\, c\, \|g\|_* ,$$

denn $\tilde{t} = -t < 0$.

Wir überdecken nun S^n mit endlich vielen Kugeln B_i' mit Radius $\frac{\pi}{12}$ bezüglich der Metrik σ), $i = 1, \ldots k$ (k ist von n abhängig). Ist nun $B_i' \cap B_j' \neq \emptyset$, so existiert B'' mit Radius $\frac{\pi}{3}$, so dass $B_i' \cup B_j' \subset B''$. Für die Mittelwerte

$$g_i = \frac{1}{\sigma B_i'} \int_{B_i'} g\, d\sigma$$

gilt daher

$$|g_i - g_j| \leqslant c' \, \|f\|_* ,$$

falls $B_i' \cap B_j' \neq \emptyset$ und für allgemeine Indices

$$|g_i - g_j| \leq (c')^k \|f\|_* .$$

Daraus schliesst man, dass

$$\frac{1}{\sigma B'}\int_{B'} |g - g_1| \, d\sigma \leq \frac{\sigma B_1'}{\sigma B'} \sum_{i=1}^{k} \int_{B_i'} |g - g_i| \, d\sigma$$
$$\leq c'' \, \|f\|_*$$

für jede Kugel B' mit Radius $r \geq \frac{\pi}{3}$ $(r \leq \pi)$ und mit einer von n abhängigen Konstanten c''.

g) DARSTELLUNG VON MOEBIUSTRANSFORMATIONEN

Nach Definition ist die Gruppe der Möbiustransformationen die durch Translationen, Dilationen, Rotationen, Spiegelungen an Ebenen und Spiegelungen an Sphären erzeugte Gruppe. Wir verwenden folgende Bezeichnungen:

S: $x \to \frac{x}{|x|^2}$, Spiegelung an der Einheitssphäre $\{x \in R^n : |x| = 1\}$

$\underline{O}$: Gruppe der orthogonalen Transformationen in R^n

$\underline{O} = \{O : x \to Ox, \; |Ox| = |x| \text{ für alle } x \in R^n\}$

$\underline{B}$: Gruppe der Translationen und Dilationen in R^n

$\underline{B} = \{B : x \to \lambda x + t, \; \lambda > 0, \; t \in R^n\}$.

Jede Möbiustransformation T ist also darstellbar als Komposition endlich vieler Abbildungen S, O und B (z.B. $T = B_1 \circ S \circ O_1 \circ S \circ O_2 \circ B_2$). Die Beziehungen $S \circ S = \mathrm{Id}$, $S \circ O = O \circ S$ und $\underline{B} \circ \underline{O} = \underline{O} \circ \underline{B}$ zeigen, dass zu jeder Möbiustransformation T ein Index n und Transformationen O, $B_1, \dots, B_{n+1}$ bestimmt werden können, so dass

$$T = O \circ B_1 \circ S \circ B_2 \circ \dots \circ S \circ B_{n+1} .$$

Wir zeigen, dass $n \leq 1$ gewählt werden kann. Dazu reduzieren wir die Anzahl n der Faktoren S in der Darstellung für T. Es genügt zu beweisen, dass die Abbildung $S \circ B \circ S$ in der Form $O \circ B_1 \circ S \circ B_2$ dargestellt werden kann.

Es sei $B(x) = \lambda x + t$, $\lambda > 0$. Falls $t = 0$ ist die Reduktion trivial: $S \circ B \circ S(x) = \lambda^{-1}x$. Andernfalls wählen wir eine 2-dimensionale Ebene E, welche die Gerade $L = \{x \in R^n: x = \mu t, \mu \text{ reell}\}$ enthält. E ist invariant unter der Abbildung $S \circ B \circ S$. In E führen wir komplexe Koordinaten ein, so dass L die reelle Achse wird. $e_1 = \frac{t}{|t|}$ und $e_2 \perp e_1$ seien die normierten Basisvektoren, $\zeta = \xi + i\eta \in E$. In diesen Koordinaten hat die durch $S \circ B \circ S$ auf E induzierte Abbildung die Form

$$S\,B\,S(\zeta) = \frac{\lambda\frac{\zeta}{|\zeta|^2} + t}{\left|\lambda\frac{\zeta}{|\zeta|^2} + t\right|^2} = \frac{\zeta}{\lambda + t\zeta}$$

$$= t^{-1}\left(1 - \left(1 + \frac{t}{\lambda}\zeta\right)^{-1}\right) = t^{-1}\left(1 - \frac{1 + \frac{t}{\lambda}\bar{\zeta}}{\left|1 + \frac{t}{\lambda}\zeta\right|^2}\right)$$

$$= t^{-1}\left(1 - \overline{\left[1 + \tfrac{t}{\lambda}\zeta\right] / \left|1 + \tfrac{t}{\lambda}\zeta\right|^2}\right).$$

Also ist für $x \in E \subset R^n$

$$S \circ B \circ S(x) = O\left(t^{-1} - t^{-1}\, S\left(1 + \frac{t}{\lambda}x\right)\right)$$

mit $\quad O(e_1) = e_1\,, \quad O(e_i) = -e_i \quad i = 2,\dots n.$

$(e_i, \dots e_n) = \left(\frac{t}{|t|}, e_2, \dots, e_n\right)$ ist eine orthogonale normierte Basis in R^n.

II DIE SAETZE VON JOHN-NIRENBERG UND GEHRING

In diesem Kapitel formulieren wir zwei Sätze, die sich auf verschiedene Sachverhalte beziehen, deren Beweise jedoch sehr ähnlich aufgebaut sind. In beiden Fällen wird unter gewissen Voraussetzungen über die Mittelwerte einer Funktion auf deren Wachstumsverhalten geschlossen. Die Beweise beruhen auf der Anwendung eines Ueberdeckungssatzes, der auf Calderón und Zygmund zurückgeht (Calderón-Zygmund Lemma), siehe [2], [37].

Der Satz von John-Nirenberg charakterisiert Funktionen von beschränkter mittlerer Oszillation vollständig mit Hilfe der Massverteilungsfunktion λ von $f - f_Q$, d.h. durch

$$\lambda(s) = |\{ x \in Q : |f(x) - f_Q| > s\}| ,$$

wobei wie immer Q ein achsenparalleler Würfel ist. Grob gesagt ist f vollständig durch die Beziehung

$$\lambda(s) \leqslant A\, e^{-\alpha s} \qquad (A > 0,\ \alpha > 0)$$

festgelegt. Diese Abschätzung liefert uns unmittelbar die lokale Integrabilität von f für jede Potenz $1 < p < \infty$. Ausserdem erscheint BMO, in einem noch genau zu präzisierenden Sinn, als Grenzraum der L^p-räume für $p \to \infty$ und somit als Ersatzraum von L^∞ (siehe Folgerung 4.) Im weiteren wird ein Satz von Gehring formuliert, der in den Kapiteln III und V Anwendung findet. Seine Hauptaussage besteht darin, dass eine Mittelwertsbeziehung der Form

$$\Big(\fint_Q v^q\, d^n x\Big)^{\frac{1}{q}} \leqslant \text{const} \fint_Q v\, d^n x \qquad (q > 1),$$

die für alle Würfel $Q \subset R^n$ und eine Funktion $v \geqslant 0$ besteht, "extrapoliert" werden kann:

$$\Big(\fint_Q v^p\, d^n x\Big)^{\frac{1}{p}} \leqslant \text{const} \Big(\fint_Q v^q\, d^n x\Big)^{\frac{1}{q}}$$

für $p < q + c$, $c > 0$, insbesondere ist $v \in L^p_{loc}$ für ein $p > q$.

Zum Beweis des Satzes von John-Nirenberg wird mit Hilfe des Lemmas von Calderón-Zygmund eine Funktionalungleichung für die Funktion

$$F(s) = \sup_{Q \subset R^n,\, \|f\|_* \leqslant 1} \lambda(s)\Big(\int_Q |f(x) - f_Q|\, d^n x\Big)^{-1}$$

hergeleitet. Im Falle des Satzes von Gehring folgt aus dem Lemma eine Integralungleichung für

$$h(s) = \int_{E_s} v\, d^n x \quad , \quad E_s = \{x \in Q : v(x) > s\}$$

A. DAS LEMMA VON CALDERON-ZYGMUND

Es sei $f \in L^1_{loc}(R^n)$ und $s > 0$, so dass gilt

$$⨍_Q |f|\, d^n x \leq s$$

Q ist im folgenden ein festgehaltener (achsenparalleler) Würfel. Wir zerlegen diesen wie folgt in Mengen Ω und $Q \setminus \Omega$: in $Q \setminus \Omega$ gilt fast überall $|f| \leq s$ und Ω wird in eine Folge achsenparalleler (offener) Würfel $\{Q_i\}$ unterteilt, so dass gilt:

$$s < ⨍_{Q_i} |f|\, d^n x < 2^n s \quad ;$$

hierzu zerlegen wir vorerst Q in 2^n kongruente Würfel; aus diesen sondern wir alle diejenigen aus, für die gilt:

$$s < ⨍_{Q_i^{(1)}} |f|\, d^n x \ .$$

Die restlichen werden wieder in der soeben geschilderten Art unterteilt und alle Würfel $Q_i^{(2)}$ ausgesondert mit

$$s < ⨍_{Q_i^{(2)}} |f|\, d^n x \ .$$

Dieses Verfahren setzen wir fort und bezeichnen die so aus den $Q_i^{(1)}$, $Q_i^{(2)}$, ... entstehende Folge von Würfeln mit $\{Q_i\}$. Sie hat die oben angedeutete Eigenschaft

$$s < ⨍_{Q_i} |f|\, d^n x \quad ;$$

ist jetzt $x \in Q \setminus \bigcup Q_i$ (wir setzen also $\Omega = \bigcup Q_i$), so ist x in beliebig kleinen Würfeln $Q' \subset Q$ enthalten, für die

$$⨍_{Q'} |f|\, d^n x \leq s$$

gilt. Andernfalls gäbe es auf Grund des oben angewendeten Aussonderungsverfahrens ein Q_i mit

$$\int_{Q_i} |f|\, d^n x > s$$

dann wäre aber $x \in \Omega$. Ist jetzt weiter x ein Lebesguescher Punkt von f (fast alle $x \in Q$ sind Lebesguesche Punkte von f), so folgt auf Grund des Satzes von Lebesgue:

$$\lim_{|Q'|\to 0} \int_{Q'} |f|\, d^n x = |f(x)| \leq s$$

für fast alle $x \in Q\setminus\Omega$. Aus dem Aussonderungsverfahren erhalten wir

$$\int_{Q_i'} |f|\, d^n x \leq s \quad ,$$

wobei Q_i durch dyadische Zerlegung aus Q_i' entstanden ist(Q_i gehört der Folge $\{Q_i\}$ an). Also folgt:

$$\frac{1}{2^n |Q_i|} \int_{Q_i'} |f|\, d^n x \leq s \quad ,$$

und wir erhalten für $\{Q_i\}$ insgesamt

$$s < \int_{Q_i} |f|\, d^n x < 2^n s \ .$$

Zusammenfassend ergibt sich das ZERLEGUNGSLEMMA VON CALDERON-ZYGMUND:

Seien $f \in L^1_{loc}$, $Q \subset R^n$ ein achsenparalleler Würfel und

$$\int_{Q} |f|\, d^n x \leq s$$

für ein $s > 0$. Dann existiert eine Folge paarweise disjunkter achsenparalleler Würfel $\{Q_i\}$ mit den folgenden Eigenschaften:

1) $|f| \leq s$ fast überall in $Q\setminus \bigcup_{i=1}^{\infty} Q_i$

2) $s < \int_{Q_i} |f|\, d^n x < 2^n s$.

Die besondere Bedeutung dieses Lemmas liegt in der Eigenschaft 2), die eine quantitative Aussage über den "schlechten Anteil" von f macht.

B. DER SATZ VON JOHN-NIRENBERG

Für $s > 0$ sei $\lambda(s) = |\{x \in Q : |f(x) - f_Q| > s\}$; aus der BMO - Bedingung folgt, dass $\lambda(s)$ mit wachsendem s sehr stark abnehmen muss. Dies wird bestätigt durch den

SATZ 1 (John-Nirenberg [21])

> Es seien $f \in BMO$ und Q ein beliebiger achsenparalleler Würfel. Dann existieren Konstanten A, α, die von f unabhängig sind, so dass gilt
>
> $$\lambda(s) \leq A\,|Q|\, e^{-\frac{\alpha}{\|f\|_*} s} .$$

Aus dem Beweis von Satz 1 (siehe Anhang) geht überdies hervor, dass

$$\lambda(s) \leq \frac{A}{\|f\|_*} \int_Q |f(x) - f_Q|\, d^n x\, e^{-\frac{\alpha}{\|f\|_*} s}$$

für alle $s > a\,\|f\|_*$ (a ist eine von f unabhängige Konstante).

Der Beweis von Satz 1 beruht auf dem Lemma von Calderón-Zygmund. Hierzu wird die Funktion

$$F(s) = \sup_{\|f\|_* = 1,\; Q \subset R^n} \lambda(s) \left(\int_Q |f - f_Q|\, d^n x \right)^{-1}$$

betrachtet. Für F(s) wird jetzt eine Funktionalungleichung hergeleitet und anschliessend gelöst. Dass F(s) überhaupt wohldefiniert ist, zeigen wir im Anhang. Es gilt nämlich

$$F(s) \leq s^{-1} .$$

Aus Satz 1 lassen sich vielfältige Folgerungen ziehen, in denen sich BMO zu erkennen gibt. Der folgende Satz 2 zeigt, dass BMO-Funktionen vollständig durch die Abschätzung

$$\lambda(s) \leq Ae^{-\alpha s}$$

charakterisiert werden können (Dies steht im Gegensatz zum Fall der L^p-integrierbaren Funktionen. Bekanntlich gilt für diese

$$|\{x \in R^n ; |f(x)| > s\}| \leq A s^{-p} ,$$

wodurch L^p aber nicht charakterisiert ist.)

SATZ 2 (John-Nirenberg [21])

Für die lokal integrierbare Funktion f sei die folgende Abschätzung erfüllt:

$$\lambda(s) \leq A\,|Q|\,e^{-\beta s}.$$

Dann ist $f \in BMO$, und es gilt

$$\|f\|_* \leq \frac{A}{\beta} .$$

In der Tat: es ist

$$\int_Q |f(x) - f_Q|\, d^n x = \int_0^\infty \lambda(s)\, ds ,$$

eine Beziehung, die im Anhang bewiesen wird. Nach Voraussetzung folgt hieraus:

$$\int_0^\infty \lambda(s)\, ds \leq A\,|Q| \int_0^\infty e^{-\beta s}\, ds = \frac{A}{\beta}\,|Q| .$$

Weitere Folgerungen, die wir im Anhang beweisen:

1. $\lambda(s) \leq c\,\|f\|_*^p\,|Q|\,s^{-p} , \quad c = (\frac{p}{\alpha})^p\, A e^{-p} ,$

   d.h. $f - f_Q$ ist im Lorentzraum $L(p,\infty)$.

2. f ist dann und nur dann von beschränkter mittlerer Oszillation, wenn es $C > 0$ und $q \geq 1$ so gibt, dass gilt:

   $$\int_Q |f(x) - f_Q|^q\, d^n x \leq C$$

   für alle (achsenparallelen) Würfel $Q \subset R^n$. Ist ausserdem

   $$\sup_{Q \subset R^n} \int_Q |f(x) - f_Q|^q\, d^n x ,$$

   so sind die Normen A und $\|f\|_*$ äquivalent.

3. Ist für eine messbare Funktion f und beliebige achsenparallele Würfel

$$\lambda(s) \leq A\,|Q|\,\left(\frac{\beta p}{\alpha}\right)^p \frac{1}{s^p} \qquad (p = 0,1,2,\ldots)$$

mit gewissen Konstanten A, α, β, so ist $f \in BMO$ und $\|f\|_* \leq k\beta$ (k von f unabhängig); siehe [34], S. 296.

4. Ist $f \in L^1 \cap BMO$, so gehört f zu jedem L^p, $1 \leq p < \infty$, und es ist

$$\|f\|_p \leq A\,\|f\|_*^{1-\frac{1}{p}}\,\|f\|_1 .$$

Dieses Resultat ist ein Spezialfall des folgenden Interpolationsergebnisses von Stein und Fefferman:

Für $1 \leq p < \infty$, $0 < \theta < 1$ und $q\theta = p$ ist

$$[L^p, BMO]_\theta = L^q ,$$

$[\ldots]_\theta$ bezeichnet hierin die komplexe Methode der Interpolation; siehe [11].

5. Ist $f \in BMO$, so folgt für $\beta < \frac{\alpha}{\|f\|_*}$:

$$e^{\beta|f|} \in L^1_{loc}$$

Vorboten dieses Resultates gehen schon auf Calderón und Zygmund [2], S. 105 zurück.

Bemerkung

Es ist naheliegend, BMO in Bezug auf beliebige reguläre Borelmasse μ zu definieren. Hierzu seien Q, Q' achsenparallele Würfel, und Q sei durch dyadische Teilung aus Q' entstanden. Ist f bezüglich μ lokal integrierbar und setzt man

$$f_{Q,\mu} = \frac{1}{\mu(Q)} \int_Q f(x)\, d\mu \quad ,$$

so ist man versucht, BMO bezüglich μ durch die Forderung

$$\sup_{Q \subset R^n} \frac{1}{\mu(Q)} \int_Q |f(x) - f_{Q,\mu}|\, d\mu < \infty$$

festzulegen. Diese Definition ist jedoch nur unter gewissen zusätzlichen Voraussetzungen an μ von Erfolg gekrönt. So z.B. braucht das

Analogon zum Satz 1 nicht zu gelten (Herz [17]). Dennoch kann für beliebige reguläre Borelmasse μ der Raum BMO_μ in befriedigender Weise wie fogt definiert werden:

DEFINITION

Es sei μ ein positives und reguläres Borelmass und f bezüglich μ lokal integrierbar. f ist bezüglich μ von beschränkter mittlerer Oszillation, wenn gilt:

$$\sup_{Q\subset R^n} \frac{1}{\mu(Q)} \int_Q |f(x) - f_{Q',\mu}| \, d\mu = \|f\|_\mu < \infty$$

(Q ist ein durch dyadische Teilung aus Q' entstandener Würfel)

Garsia verwendet diese Definition in [13] im Zusammenhang mit der Martingaltheorie.

Mit dieser modifizierten Definition verläuft der Beweis von Satz 1 glatt, siehe Anhang. Verwendet wird wiederum das Lemma von Calderón - Zygmund. Es müssen jedoch gewisse Abstriche gemacht werden (siehe Eigenschaft 2 des Lemmas). So fällt die obere Ungleichung

$$\fint_{Q_i} |f| \, d^n x \leq 2^n s$$

i.a. weg, da für ein reguläres Borelmass i.a.

$$\fint_{Q'} d\mu \leq c \fint_Q d\mu \quad , \qquad c > 1$$

nicht gilt. Ist aber zusätzlich die Bedingung

$$\fint_{Q'} d\mu \leq c \fint_Q d\mu$$

für alle Q aus der dyadischen Zerlegung erfüllt, so sind ganz allgemein unter dieser Voraussetzung die Normen $\|f\|_\mu$ und

$$\sup_{Q\subset R^n} \frac{1}{\mu(Q)} \int_Q |f - f_{Q,\mu}| \, d\mu$$

äquivalent (siehe Kapitel III).

C DER SATZ VON GEHRING

SATZ 3 (Gehring [14])

Es sei $v \in L^1_{loc}(R^n)$, $v \geq 0$. Falls für Konstanten $b \geq 1$ und $q > 1$ und für jeden Würfel $Q \subset R^n$ die Ungleichung

$$\left(\fint_Q v^q \, d^n x\right)^{1/q} \leq b \fint_Q v \, d^n x$$

gilt, so existiert eine Konstante $c > 0$, so dass

$$\left(\fint_Q v^p \, d^n x\right)^{1/p} \leq \left(\frac{e}{-p+q+c}\right)^{1/p} \left(\fint_Q v^q \, d^n x\right)^{1/q}$$

für alle $p \in [q, q + c)$.

KOROLLAR

Falls für $b' \geq 1$, $r > 0$ und für jeden Würfel $Q \subset R^n$ die Ungleichung

$$\left(\fint_Q v^r \, d^n x\right)^{1/r} \leq b' \exp \fint_Q \log v \, d^n x$$

gilt, so existiert eine Konstante $k(r) > 0$ so, dass für $t \in [r, r + k(r)]$

$$\left(\fint_Q v^t \, d^n x\right)^{1/t} \leq k'\left(\fint_Q v^r \, d^n x\right)^{1/r}$$

mit $k' = \left(\frac{k(r)}{-t+r+k(r)}\right)^{1/t}$.

Die Beweise hierfür befinden sich im Anhang c).

Wir sprechen von einer B_q - Bedingung und bezeichnen damit die Voraussetzung des Satzes 3. $v \geq 0$ erfüllt also eine B_q - Bedingung, wenn Konstanten $q > 1$, $b > 0$ so existieren, dass

$$\left(\fint_Q v^q \, d^n x\right)^{1/q} \leq b \fint_Q v \, d^n x$$

für alle Würfel $Q \subset R^n$.

ANHANG II

a) BEWEIS VON SATZ 1

Wir legen dem Beweis die in der Bemerkung gegebene Definition von BMO zugrunde, d.h.

$$\sup_{Q \subset R^n} \frac{1}{\mu(Q)} \int_Q |f(x) - f_{Q',\mu}| \, d\mu = \|f\|_\mu < \infty .$$

Ohne Einschränkung der Allgemeinheit kann $\|f\|_\mu = 1$ angenommen werden. Andernfalls ersetze man f durch $f \; \|f\|_\mu^{-1}$. Q wählen wir fest. Es ist unter diesen Annahmen

$$⨍_Q |f(x) - f_{Q',\mu}| \, d\mu \leqslant 1$$

und die Voraussetzung des Zerlegungslemmas ist für die Funktion $f - f_{Q',\mu}$ und $s > 1$ erfüllt. Q_i sei die Folge von Würfeln mit

$$s < ⨍_{Q_i} |f(x) - f_{Q',\mu}| \, d\mu$$

und $S_\sigma = \{x \in Q: |f(x) - f_{Q',\mu}| > \sigma\}$. Wir haben für $\sigma > s$:

$$\mu(S_\sigma) = \mu\{x \in Q_i: |f(x) - f_{Q',\mu}| > \sigma\}$$

Weiter ist wegen

$$|f_{Q',\mu} - f_{Q_i',\mu}| \leqslant \frac{1}{\mu(Q_i')} \int_{Q_i'} |f(x) - f_{Q',\mu}| \, d\mu < s$$

für $|f - f_{Q',\mu}| > \sigma$ offenbar $|f - f_{Q_i',\mu}| \geqslant \sigma - s$. Die verwendete Ungleichung

$$\frac{1}{\mu(Q_i')} \int_{Q_i'} |f(x) - f_{Q',\mu}| \, d\mu < s$$

ist eine unmittelbare Folge des Aussonderungsverfahrens der Q_i. Also erhalten wir aus $\|f\|_\mu = 1 < s$:

$$\mu\{x \in Q: |f(x) - f_{Q',\mu}| > \sigma\} \leqslant \mu\{x \in Q_i: |f(x) - f_{Q_i',\mu}| > \sigma - s\}$$

Das Wachstum von $|f - f_{Q',\mu}|$ wird in Analogie zur Funktion F(s) durch den Ausdruck

$$F_\mu(s) = \sup_{\|f\|_* \leq 1, Q \subset R^n} \mu(S_s) \left(\int_Q |f - f_{Q',\mu}| \, d\mu \right)^{-1}$$

kontrolliert. Die Endlichkeit von F_μ für $s > 0$ ist garantiert, denn aus Eigenschaft 2) des Zerlegungs-Lemmas folgt:

$$\mu(Q_i) < \frac{1}{s} \int_{Q_i} |f - f_{Q',\mu}| \, d\mu ,$$

also ist

$$\mu(S_s) < \frac{1}{s} \int_Q |f - f_{Q',\mu}| \, d\mu ,$$

woraus $F_\mu(s) \leq \frac{1}{s}$ folgt. Wegen der Definition von $F_\mu(s)$ und $\|f - f_{Q',\mu}\|_\mu = \|f\|_\mu = 1$ erhält man:

$$\mu(S_\sigma) \leq \sum_{i=1}^{\infty} \mu \, \{x \in Q_i : |f(x) - f_{Q_i',\mu}| > \sigma - s\} \leq$$

$$\sum_{i=1}^{\infty} F_\mu(\sigma - s) \, \mu \, (Q_i) \leq F_\mu(\sigma - s) \, \frac{1}{s} \int_Q |f - f_{Q',\mu}| \, d\mu .$$

Demnach hat man

$$\mu(S_\sigma) \left(\int_Q |f - f_{Q',\mu}| \, d\mu \right)^{-1} \leq \frac{F_\mu(\sigma - s)}{s}$$

oder also

$$F_\mu(\sigma) \leq \frac{F_\mu(\sigma - s)}{s} .$$

Zur Lösung dieser Funktionalungleichung setzen wir

$$F_\mu(\sigma) \leq A \, e^{-\alpha\sigma}$$

mit vorläufig noch zu bestimmenden Konstanten A und α. Für $s = e$ folgt insbesondere

$$F_\mu(\sigma + e) \leq \frac{1}{e} \, F_\mu(\sigma)$$

wenn wir $\sigma + e$ anstelle von σ einsetzen. Hieraus folgt mit dem obigen Ansatz

$$F_\mu(\sigma + e) \leq \frac{1}{e} \, A \, e^{-\alpha\sigma} = A \, e^{-\alpha(\sigma + \frac{1}{\alpha})}$$

Wird also $\alpha = e^{-1}$ gewählt, so ergibt sich hieraus die Gültigkeit des Ansatzes von einem gewissen σ an, wenn sie für ein Intervall der Länge e nachgewiesen ist. Zur Bestimmung von A berücksichtigen wir zunächst die oben erwähnte Abschätzung $F(\sigma) \leqslant \sigma^{-1}$ und setzen deshalb

$$A \geqslant \sigma^{-1} e^{\alpha\sigma}$$

Damit A möglichst klein wird, muss das Intervall der Länge e gesucht werden, für das der Maximalwert von $\sigma^{-1} e^{\alpha\sigma}$ möglichst klein wird. Es folgt somit: $\frac{e}{e-1} \leqslant \sigma \leqslant \frac{e}{e-1} + e$ sowie $A = \frac{e-1}{e} e^{1/(e-1)}$, und für alle $\sigma \geqslant a = \frac{e}{e-1}$ wird:

$$\lambda_\mu(\sigma) = \mu(S_\sigma) \leqslant A \int_Q |f - f_{Q',\mu}| \, d\mu \, e^{-\alpha\sigma}$$

Es ist $A < e^a$, also für $0 < \sigma < a$ unter Berücksichtigung von

$\lambda_\mu(\sigma) \leqslant \mu(Q)$ und $\int_Q |f - f_{Q',\mu}| \, d\mu \leqslant \mu(Q)$:

$$\lambda_\mu(\sigma) \leqslant e^a \mu(Q) e^{-\alpha\sigma} \qquad (\sigma > 0)$$

b) BEWEIS DER FOLGERUNGEN

Wir beweisen zunächst eine oft gebrauchte Beziehung. Sei φ stetig differenzierbar auf R mit $\varphi(0) = 0$ und $\lambda_\mu(s)$ die Massverteilungsfunktion bezüglich des positiven Borelmasses μ der Funktion f, die μ - messbar sei. Dann gilt

$$\int_Q \varphi(|f|) \, d\mu = \int_0^\infty \lambda_\mu(s) \, d\varphi(s)$$

f sei zunächst eine einfache Funktion der Gestalt

$$f = \sum_{j=1}^{k} c_j \chi_{A_j} \qquad c_1 > c_2 > \dots > c_k$$

die $A_j \subset Q$ seien paarweise disjunkt und $a_j = \mu(A_j)$. λ_j sei die Massverteilungsfunktion bezüglich μ der Funktion $c_j \chi_{A_j}$. Es ist dann

$$\lambda_j(s) = a_j \chi_{[0,c_j]}(s)$$

denn $\lambda_j(s) = \mu\{t: c_j \chi_{A_j}(t) \geq s\} = 0$ falls $c_j < s$ und $\lambda_j(s) = a_j$ falls $c_j \geq s$, d.h. $\lambda_j(s) = a_j \chi_{[0,c_j]}(s)$. Insgesamt folgt hieraus

$$\lambda(s) = a_1 \chi_{[c_2,c_1]} + (a_1+a_2) \chi_{[c_3,c_2]} + \ldots + (a_1+\ldots+a_k) \chi_{[0,c_k]}$$

also

$$\int_0^\infty \lambda(s)\, d\,(s) = a_1 (\varphi(c_1)-\varphi(c_2)) + \ldots + (a_1+a_2+\ldots+a_k)\, \varphi(c_k) =$$

$$a_1 \varphi(c_1) + a_2 \varphi(c_2) + \ldots + a_k \varphi(c_k) = \int_Q \varphi(|f|)\, d\mu \,.$$

Der Rest folgt durch Grenzübergang.

Beweis der Folgerungen

1. Für festes $p \geq 1$ ist auf Grund von Satz 1:

$$s^p \lambda(s) \leq \left(\frac{p \,\|f\|_*}{\alpha} \right)^p A\,|Q|\, e^{-p} \quad , \text{ d.h.}$$

$$\lambda(s) \leq C \,\|f\|_*^p \,|Q|\, s^{-p} \qquad \text{mit} \qquad C = \left(\frac{p}{\alpha}\right)^p A\, e^{-p}$$

2. Setze $\varphi(s) = s^q$ und anstelle von f die Funktion $f - f_Q$. Dann folgt aus der oben bewiesenen Hilfsformel:

$$⨍_Q |f(x) - f_Q|^q\, d^n x = q \int_0^\infty s^{q-1} \lambda(s)\, ds \leq$$

$$\leq q\, A \int_0^\infty \exp\left(\frac{-\alpha s}{\|f\|_*} \right) s^{q-1}\, ds \leq A \,\|f\|_*^q$$

(A ist von f und Q unabhängig). Die Umkehrung folgt aus der Hölderschen Ungleichung.

3. Es sei für $s > 0$ und $p = 0,1,2,\ldots$

$$\lambda(s) \leq A \,|Q|\, \left(\frac{\beta p}{\alpha} \right)^p s^{-p}$$

und M sei eine vorerst noch nicht näher bestimmte Konstante. Dann ist

$$\lambda(s)\,\frac{M^p}{p!} \leq A|Q|\,\left(\frac{\beta M}{\alpha\sigma}\right)^p \frac{p^p}{p!}$$

Setzen wir jetzt $M = \alpha s\,(2\beta e)^{-1}$ und berücksichtigen $p^p(p!)^{-1} \leq e^p$, so folgt durch Summation:

$$\lambda(s)\;e^{\alpha s(2\beta e)^{-1}} \leq A|Q|\sum_{p=0}^{\infty}\frac{1}{2^p}\;,$$

d.h. $\quad\lambda(s) \leq A|Q|e^{-\alpha(2\beta e)^{-1}s}$.

Hieraus folgt $f \in BMO$ und $\|f\|_* \leq k\beta$ (siehe Satz 2).

4. Gleiche Setzung wie in 2, mit p anstelle von q. Nach Satz 1 und der dort bewiesenen Ungleichung

$$\lambda(s) \leq \frac{A}{\|f\|_*}\int_Q |f - f_Q|\,d^nx\;e^{-\frac{\alpha}{\|f\|_*}s}\;,\quad s > a\,\|f\|_*$$

ist jetzt

$$\int_Q |f - f_Q|^p\,d^nx = p\int_0^\infty s^{p-1}\,\lambda(s)ds =$$

$$p\int_0^{a\|f\|_*} s^{p-1}\,\lambda(s)ds \;+\; p\int^\infty s^{p-1}\,\lambda(s)ds \leq$$

$$A\,\|f\|_*^{\,p-1}\int_0^\infty \lambda(s)ds \;+\; \frac{A_p}{\|f\|_*}\int_Q |f - f_Q|\,d^nx\int_0^\infty e^{-\frac{\alpha}{\|f\|_*}s}\;s^{p-1}\;ds \;=$$

$$A\,\|f\|_*^{\,p-1}\int_Q |f - f_Q|\,d^nx + Ap\,\|f\|_*^{\,p-1}\int_0^\infty e^{-\alpha s}\;s^{p-1}\;ds\;.$$

$$\int_Q |f - f_Q|\,dx = A\int_Q |f - f_Q|\,d^nx\,\|f\|_*^{\,p-1}\;.$$

Nach Voraussetzung ist $f \in L^1$, also $f_Q \to 0$ für $|Q| \to \infty$, und wir haben die gewünschte Ungleichung

$$\|f\|_p \leq A\,\|f\|_*^{\,1-1/p}\,\|f\|_1\;.$$

5. Setze $\varphi(t) = e^{\beta t}-1$; es wird:

$$\int_Q (e^{\beta|f-f_Q|}-1)\;dx = \int_0^\infty \beta\;e^{\beta t}\lambda(t)\;dt \leq$$

$$A\,\beta \int_0^\infty e^{-\left(\frac{\alpha}{\|f\|_*} - \beta\right) t} |Q|\, dt = \frac{\beta A}{\frac{\alpha}{\|f\|_*} - \beta} |Q|$$

also

$$\int_Q e^{\beta |f - f_Q|} d^n x \leq \left(1 + \frac{\beta A}{\frac{\alpha}{\|f\|_*} - \beta}\right) |Q| \;,$$

woraus die Behauptung folgt.

c) BEWEIS DES SATZES VON GEHRING

Wir wählen einen festen Würfel Q und normieren v durch Multiplikation mit einer Konstanten, so dass

$$\frac{1}{\tau Q} \int_Q v^q \, d\tau = 1 \,.$$

Für $s \geq 0$ setzen wir

$$E_s = \{x \in Q: \; v(x) > s\}; \qquad h(s) = \int_{E_s} v \, d\tau \,.$$

Es gilt dann für $v \geq 0$, $r \leq 1$

$$\int_{E_t} v^r \, d\tau = - \int_t^\infty s^{r-1} \, dh(s) \,.$$

Nach Gehring [14] führen wir den Beweis in zwei Schritten. Der eine besteht in einer Anwendung des Calderón-Zygmund Lemmas und führt auf die Ungleichung

$$- \int_t^\infty s^{q-1} \, dh(s) \leq a\, t^{q-1} h(t) \qquad t \geq 1 \;,$$

im anderen wird dementsprechend folgender Hilfssatz bewiesen.

HILFSSATZ

Ist h(t) eine monoton fallende Funktion mit $\lim_{t \to \infty} h(t) = 0$ und gilt

$$- \int_t^\infty s^q \, dh(s) \leq a\, t^q h(t) \qquad \text{für alle } t \geq 1 \;,$$

so folgt daraus

$$- \int_1^\infty t^p \, dh(t) \leq \frac{q}{p - (p-q) a} \left(- \int_1^\infty t^q \, dh(t) \right)$$

für $q \leq p < \frac{q\,a}{a-1}$.

Mit q-l und p-l anstelle von q und p schliesst man aus

$$-\int_t^\infty s^{q-1}\,dh(s) \leqslant a t^{q-1}\,h(t) \qquad t \geqslant 1$$

auf die Ungleichung

$$-\int_1^\infty t^{p-1}\,dh(t) \leqslant \frac{c}{-p+q+c}\left(-\int_1^\infty t^{q-1}\,dh(t)\right),$$

die für $q \leqslant p < p+c$, $c = \frac{q-1}{a-1}$ gültig ist. Der Beweis des Satzes von Gehring lässt sich dann leicht vervollständigen:

$$\int_{E_1} v^p\,d\tau = -\int_1^\infty t^{p-1}\,dh(t) \leqslant \frac{c}{-p+q+c}\left(-\int_1^\infty t^{q-1}\,dh(t)\right)$$

$$= \frac{c}{-p+q+c}\int_{E_1} v^q\,d\tau$$

und da für $x \in Q\backslash E_1$ $v^p(x) \leqslant v^q(x)$, folgt mit der Normierung $\int_Q v^q\,d\tau = 1$

$$\left(\int_Q v^p\,d\tau\right)^{1/p} \leqslant \left(\frac{c}{-p+q+c}\right)^{1/p}\left(\int_Q v^q\,d\tau\right)^{1/q}$$

für $p \in [q, q+c)$.

Beweis des Hilfssatzes

Vorerst wird angenommen, dass $h(t) = 0$ für $t \geqslant T$.

Man setze $I_r = -\int_1^\infty t^r\,dh(t) = -\int_1^T t^r\,dh(t)$, $r > 0$.

$$I_p = -\int_1^\infty t^{p-q}\,t^q\,dh(t)$$

$$= t^{p-q}\int_t^\infty s^q\,dh(s)\Big|_1^\infty + (p-q)\int_1^\infty t^{p-q-1}\left(-\int_t^\infty s^q\,dh(s)\right)dt$$

$$\leqslant I_q + (p-q)\int_1^\infty t^{+p-q-1}\;a\,t^q\,h(t)\,dt$$

unter Verwendung der Voraussetzung des Hilfssatzes. Wird nochmals partiell integriert, so erhält man unter Beachtung der Voraussetzung $-\int_1^\infty t^q\,dh(t) \leqslant a\,h(1)$ die Beziehung

$$I_p \leqslant I_q + \frac{p-q}{p}\,a\left\{t^p\,h(t)\Big|_1^\infty - \int_1^\infty t^p\,dh(t)\right\}$$

$$\leq I_q - \frac{p-q}{p} I_q + \frac{p-q}{p} a I_p$$

und demzufolge

$$I_p \left(1 - a \frac{p-q}{p}\right) \leq I_q \left(1 - \frac{p-q}{a}\right).$$

Für $q \leq p < \frac{q\,a}{a-1} <$ gilt daher

$$I_p \leq \frac{q}{p-(p-q)a} I_q .$$

Die einschränkende Voraussetzung $h(t) = 0$ für $t \geq T$ kann fallengelassen werden. Man beachte dazu, dass

$$-\int_t^\infty s^q \, dh_T(s) \leq a\, t^q\, h_T(t)$$

für $h_T(t) = \begin{cases} h(t) & \text{falls } t < T \\ 0 & \phantom{\text{falls }} t \geq T \end{cases}$.

Diese Beziehung ist offensichtlich für $t \geq T$ und für $t < T$ gilt $T^q h(T) \leq -\int_T^\infty t^q \, dh(t)$, denn $\lim_{t \to \infty} h(t) = 0$, und somit

$$-\int_t^\infty s^q \, dh_T(s) = -\int_t^T s^q \, dh(s) + T^t h(T) \leq -\int_t^\infty s^q \, dh(s)$$

$$\leq a\, t^q\, h(t) = a\, t^q\, h_T(t).$$

Auf Grund des bereits Bewiesenen erhält man nun

$$-\int_1^T t^p \, dh(t) \leq -\int_1^T t^p \, dh_T(t) \leq \frac{q}{p-(p-q)a} \left(-\int_1^T t^q \, dh_T(t)\right)$$

$$\leq \frac{q}{p-(p-q)a} \left(-\int_1^\infty t^q \, dh(t)\right).$$

Die Behauptung des Hilfssatzes folgt mit dem Grenzübergang $T \to \infty$

Anmerkung [14]

$h(t) = t^{-qa/(a-1)}$ erfüllt die Voraussetzung des Hilfssatzes. Es gilt

$$-\int_1^\infty t^p \, dh(t) = \frac{q}{p-(p-q)a} \left(-\int_1^\infty t^q \, dh(t)\right),$$

es besteht also Gleichheit für diese Funktion.

Der Beweis für die Ungleichung $-\int_t^\infty s^{q-1}\, dh(s) \leqslant a\, t^{q-1}\, h(t)$:

Das Lemma von Calderón-Zygmund wird auf die Funktion v^q angewandt. Zu $s > t \geqslant 1$ existiert also eine Folge disjunkter Würfel Q_j so, dass

$$v^q \leqslant s^q \qquad \text{f.ü. in } Q \setminus \bigcup_{j=1}^{\infty} Q_j$$

$$s^q \leqslant \fint_{Q_j} v^q\, d^n x \leqslant 2^n s^q .$$

Wir verwenden nun die Voraussetzung für die Würfel Q_j und vergleichen Integration von v^q und v über die Mengen E_s und E_t, wobei $s = \frac{bq}{q-1}\; t > t \geqslant 1$ $(E_s \subset E_t)$.

$$t\,\frac{bq}{q-1} = s \leqslant \Big(\fint_{Q_j} v^q\, d^n x\Big)^{1/q} \leqslant b \fint_{Q_j} v\, d^n x$$

$$\frac{tq}{q-1}\, |Q_j| \leqslant \int_{Q_j} v\, d^n x \leqslant \int_{Q_j \cap E_t} v\, d^n x + t|Q_j| .$$

Daraus folgt

$$\frac{t}{q-1}\, |Q_j| \leqslant \int_{Q_j \cap E_t} v\, d^n x .$$

Andererseits gilt

$$\int_{E_s} v^q\, d^n x \leqslant \int_{Q_j} v^q\, d^n x \leqslant 2^n s^q \quad |Q_j| \leqslant 2^n s^q\, \frac{q-1}{t} \int_{E_t} v\, d^n x .$$

Da trivialerweise

$$\int_{E_t \setminus E_s} v^q\, d^n x \leqslant s^{q-1} \int_{E_t} v\, d^n x ,$$

erhält man

$$\int_{E_t} v^q\, d^n x \leqslant \Big(2^n s^q\, \frac{q-1}{t} + s^{q-1}\Big) \int_{E_t} v\, d^n x \leqslant a t^{q-1} \int_{E_t} v\, d^n x$$

mit $a = \left(\frac{bq}{q-1}\right)^q (q-1)\left(2^n + \frac{1}{bq}\right)$.

Zum Beweis des Korollars bemerken wir zuerst, dass aus

$$\Big(\fint_Q v^r\, d^n x\Big)^{1/r} \leqslant b' \Big(\fint_Q v^s\, d^n x\Big)^{1/s} \qquad 0 < s < r$$

(für alle Würfel Q) die Existenz einer Konstanten $k = k(r,s)$ hervorgeht, so dass für $t \in [r, r+k)$

$$\Big(\fint_Q v^t\, d^n x\Big)^{1/t} \leqslant \left(\frac{k}{-t+r+k}\right)^{1/t} \Big(\fint_Q v^r\, d^n x\Big)^{1/r}$$

folgt. $w = v^s$ erfüllt nämlich die Voraussetzung des Satzes mit $Q = r/s$, $b = (b')^s$. Für $\frac{r}{s} \leq p < \frac{r}{s} + c$ ist dementsprechend

$$\left(\oint_Q v^{ps}\, d^n x\right)^{1/ps} \leq \left(\frac{cs}{-ps+r+cs}\right)^{1/ps} \left(\oint_Q v^r\, d^n x\right)^{1/r}.$$

Eine Kontrolle der Konstanten führt auf

$$\frac{1}{c} = \frac{a-1}{q-1} = \frac{1}{q-1}\left[\left(\frac{bq}{q-1}\right)^q (q-1)\left(2^n + \frac{1}{bq}\right) - 1\right]$$
$$= (b')^r \left(\frac{r}{r-s}\right)^{r/s} \left(2^n + \frac{s}{(b')^s r}\right) - \frac{s}{r-s}\ .$$

Wir setzen also $k = cs$, $t = ps$. Das Korollar erhält man dann durch Grenzübergang $s \to 0$:

$$k(r) = \lim_{s\to 0} k(r,s) = \lim_{s\to 0} sc = \left((b')^r \left(2^n + \frac{1}{r}\right) e - \frac{1}{r}\right)^{-1} > 0$$

Aus

$$\left(\oint_Q v^r\, d^n x\right)^{1/r} \leq b' \exp \oint_Q \log v\, d^n x$$

für alle Q folgt also

$$\left(\oint_Q v^t\, d^n x\right)^{1/t} \leq \left(\frac{k(r)}{-t+r+k(r)}\right)^{1/t} \left(\oint_Q v^r\, d^n x\right)^{1/r}$$

sofern $t \in [r, r + k(r))$).

III MUCKENHOUPTS A_p - BEDINGUNG

Der Satz von John-Nirenberg führt zu einer Charakterisierung reellwertiger BMO-Funktionen:

SATZ 1

$f \in$ BMO genau dann, wenn Konstanten $t > 0$, $k \geqslant 1$ existieren so, dass

$$\left(\fint_Q e^{ft} \, d^n x \right)^{1/t} \leqslant k \left(\fint_Q e^{-ft} \, d^n x \right)^{1/-t}$$

für alle Würfel $Q \subset R^n$.

vgl. [19], [28], [32]. Ein Beweis ist im Anhang wiedergegeben. Für feste Würfel $Q \subset R^n$ und für $w \geqslant 0$ betrachten wir die Funktion

$$M_s = M_s\ (w,Q) = \begin{cases} \left(\fint_Q w^s \, d^n x \right)^{1/s} & s \neq 0 \\ \exp \fint_Q \log w \, d^n x & s = 0 \end{cases}$$

Bekanntlich ist M_s in s monoton und stetig im Intervall (a, b),

$$a = \inf_s \{ M_s > 0 \}, \qquad b = \sup_s \{ M_s < \infty \} .$$

Die Zugehörigkeit von log w zur Klasse BMO lässt sich also durch die Ungleichung

$$M_t\ (w,Q) \leqslant k\ M_{-t}\ (w,Q)$$

ausdrücken, die für alle Würfel $Q \subset R^n$ gelten soll.

DEFINITION (Muckenhoupt [28])

$w \geq 0$ erfüllt die Bedingung A_p, $p > 1$ ($w \in A_p$), falls eine Konstante $k \geqslant 1$ existiert, so dass

$$0 < M_1 \leqslant k\ M_{-1/(p-1)} < \infty$$

für alle Würfel $Q \subset R^n$

Wegen der Monotonie von M_s (bzw. wegen der Hölderungleichung) ist log $w \in$ BMO, falls w eine A_p-Bedingung erfüllt (Satz 1.). Aus demselben Grunde erfüllt w die Bedingung $A_{p'}$ für $p' > p$ falls $w \in A_p$.

Die A_p-Funktionen treten insbesondere als Dichtefunktionen in den verschiedensten Zusammenhängen auf. Wir beginnen mit der Darstellung der Ergebnisse von Muckenhoupt [28], Coifman [7] und Coifman-Fefferman [8]. Daran schliessen wir eine Diskussion, die der Definition von BMO-Funktionen bezüglich verschiedener Masse gewidmet ist. Eine Verallgemeinerung des Satzes von Carleson für Dichtefunktionen, die einer A_p-Bedingung genügen, wird im folgenden Kapitel beschrieben. Die A_p-Bedingung taucht sodann im Zusammenhang mit quasikonformen Abbildungen im Kapitel V wieder auf.

A CHARAKTERISIERUNG DER A_p-FUNKTIONEN

SATZ 2 (Muckenhoupt [28])

Erfüllt w die Bedingung A_p so auch die Bedingung $A_{p'}$, für $p' > p-a$. ($a > 0$ hängt von p, k und n ab)

Der Beweis von Muckenhoupt weist eine sehr grosse Aehnlichkeit mit dem Beweis des Satzes von Gehring auf (siehe Satz II.3). Im folgenden Beweis wird der Satz von Muckenhoupt auf den Satz von Gehring zurückgeführt:

Aus der A_p-Bedingung erhält man

$$\left(\int_Q (w^{-1})^{1/(p-1)} d^n x \right)^{p-1} \leq k \exp \int_Q \log(w^{-1})\, d^n x$$

Nach dem Korollar zum Satz von Gehring existiert also eine positive Konstante $c = c(p,k,n)$, so dass für $t \in [\frac{1}{p-1}, \frac{1}{p-1} + c)$

$$\left(\int_Q (w^{-1})^t \right)^{1/t} \leq k' \left(\int_Q (w^{-1})^{1/(p-1)} \right)^{p-1}$$

Mit $\frac{1}{p'-1} < \frac{1}{p-1} + c$ gilt also

$$M_1 \leq k\, M_{\frac{-1}{p-1}} \leq k\, k'\, M_{\frac{-1}{p'-1}} \quad ,$$

was zu beweisen war. Für a erhält man $a = \frac{c(p-1)^2}{1+c(p-1)}$

Nach einem bekannten Satz von Hardy erfüllt die Maximalfunktion

$$M_f(x) = \sup_{x \in Q \subset R^n} \fint_Q |f| \, d^n x$$

die Ungleichung

$$\int M_f^{\,p} \, d^n x \leq C_p \int |f|^p \, d^n x \qquad , \qquad p > 1$$

(C_p hängt von p und n ab). Werden L^p-Normen bezüglich einer Dichte berechnet, so gilt:

SATZ 3 (Muckenhoupt [28])

Erfüllt $w \geq 0$ die Bedingung A_p, $p > 1$, so ist

$$\int M_f^{\,p} \, w \, d^n x \leq C_p \int |f|^p \, w \, d^n x$$

für alle (messbaren) f (C_p hängt von p, k und n ab). Umgekehrt muss w die A_p-Bedingung erfüllen, falls diese Ungleichung für alle f gilt - es sei denn, $w = 0$ f.ü. oder $w = \infty$ f.ü. .

Der Beweis von Muckenhoupt wird im Anhang wiedergegeben. Man beachte, dass

$$\int M_f^{\,p'} \, w \, d^n x \leq C_{p'} \int |f|^{p'} \, w \, d^n x$$

für $p' > p-a$, falls w die A_p-Bedingung erfüllt (siehe Satz 2). Ein entsprechender Satz gilt auch für Maximalfunktionen $M_{f,\sigma}$, die bezüglich beliebiger (positiver) Borelmasse σ gebildet werden

$$M_{f,\sigma}(x) = \sup_{x \in Q \subset R^n} (\sigma Q)^{-1} \int_Q |f| \, d\sigma$$

(siehe Muckenhoupt [28]).

Im Fall n = 1 können die A_p-Funktionen auch durch die Hilberttransformation charakterisiert werden. Besondere Schönheit besitzen die Resultate für den periodischen Fall (S^1),

$$\tilde{f}(\vartheta) = \lim_{\varepsilon \to 0} \frac{1}{\pi} \int_{\varepsilon \leq |\varphi| \leq \pi} \frac{f(\vartheta - \varphi) \, d\varphi}{2 \operatorname{tg} \varphi/2}$$

sei die Hilberttransformierte von f (konjugierte Funktion).

SATZ 4 (Hunt-Muckenhoupt-Wheeden [19])

Dann und nur dann erfüllt $w \geq 0$ die A_p-Bedingung, $p > 1$, wenn

$$\int_{-\pi}^{\pi} |\tilde{f}(\vartheta)|^p \, w(\vartheta) \, d\vartheta \leq C_p \int_{-\pi}^{\pi} |f(\vartheta)|^p \, w(\vartheta) \, d\vartheta$$

mit einer von f unabhängigen Konstanten C_p (es sei denn $w = 0$ oder $w = \infty$ f.ü.).

SATZ 5 (Helson-Szegö [15])

$$\int_{-\pi}^{\pi} |\tilde{f}(\vartheta)|^2 \, w(\vartheta) \, d\vartheta \leq C_2 \int_{-\pi}^{\pi} |f(\vartheta)|^2 \, w(\vartheta) \, d\vartheta$$

für alle f genau, wenn w eine Darstellung der Form

$$w(\vartheta) = \exp\,(u(\vartheta) + \tilde{v}(\vartheta))$$

mit $u, v \in L^\infty(S^1)$ und $\|v\|_\infty < \frac{\pi}{2}$ besitzt

(abgesehen von den Ausnahmefällen $w = 0$ oder $w = \infty$ f.ü.).

Für die Beweise sei auf die Originalarbeiten verwiesen. (Man vergleiche jedoch [8] und Satz 6). Der Satz von Helson-Szegö sollte im Zusammenhang mit dem folgenden Kapitel gesehen werden, in welchem bewiesen wird, dass die Hilberttransformierte eine beschränkte Funktion in BMO ist (Satz von Stein).

Coifman und Fefferman [8] betrachten singuläre Integraloperatoren $T : f \to K * f$ mit Kernen K, welche die Bedingungen

1) $|K(x)| \leq C|x|^{-n}$
2) $\|\hat{K}\|_\infty \leq C$
3) $|K(x) - K(x-y)| \leq C|y|\,|x|^{-n-1}$ für $|y| < \frac{|x|}{2}$

erfüllen. (Im Vergleich zu den Calderón-Zygmund Kernen, die im Kapitel IV beschrieben werden, sind diese Bedingungen etwas allgemeiner.) Für diese singulären Integraloperatoren gilt:

SATZ 6 (Coifman-Fefferman [8])

Erfüllt w eine A_p-Bedingung, so ist

$$\int |Tf|^{p'} \, w \, d^n x \leq C_{p'} \int M_f^{\,p'} \, w \, d^n x$$

für $0 < p' < \infty$

Für den Beweis konsultiere man die Originalarbeit [8]. Man bemerke insbesondere, dass

$$\int |Tf|^p \, w \, d^n x \leq c_p \int |f|^p \, w \, d^n x \,,$$

falls w eine A_p-Bedingung erfüllt.

B AEQUIVALENTE BEDINGUNGEN

Erfüllt w eine A_p-Bedingung so auch eine B_q-Bedingung (siehe Kapitel II, Voraussetzung zum Satz II.3). Aus der A_p-Bedingung folgt nämlich

$$\fint_Q w \, d^n x \leq k \exp \{ \fint_Q \log w \, d^n x \}$$

und das Korollar zum Satz II.3 besagt, dass dann für $q \in [1, 1 + k(1))$

$$\left(\fint_Q w^q \, d^n x \right)^{1/q} \leq k' \fint_Q w \, d^n x \qquad (B_q)$$

Aus Satz 7 folgt, dass zu dieser Aussage auch die Umkehrung gilt: Erfüllt w eine B_q-Bedingung, so auch eine A_p-Bedingung.

Wir beginnen mit einigen einfachen Bemerkungen: Aus der A_p-Bedingung folgt:

$$\frac{|A|}{|Q|} \leq k^{1/p} \left[\frac{\int_A w \, d^n x}{\int_Q w \, d^n x} \right]^{1/p}$$

und aus der B_q-Bedingung

$$\frac{\int_A w \, d^n x}{\int_Q w \, d^n x} \leq k' \left(\frac{|A|}{|Q|} \right)^{(q-1)/q}$$

für alle messbaren Teilmengen $A \subset Q$. Die Beweise stützen sich auf die Hölder-Ungleichung:

$$\frac{1}{|A|} \int_A w \, d^n x \geq \left(\frac{1}{|A|} \int w^{1/(1-p)} \, d^n x \right)^{1-p}$$

$$\geq \left(\frac{|Q|}{|A|} \right)^{1-p} \frac{1}{|Q|} \int_Q w^{1/(1-p)} \, d^n x \geq \left(\frac{|Q|}{|A|} \right)^{1-p} k^{-1} \frac{\int_Q w \, d^n x}{|Q|}$$

und

$$\frac{1}{|A|} \int_A w \, d^n x \leq \left(\frac{1}{|A|} \int_A w^q \, d^n x \right)^{1/q} \leq \left(\frac{|Q|}{|A|} \right)^{1/q} \fint_Q w^q \, d^n x$$

$$\leq k' \left(\frac{|Q|}{|A|}\right)^{1/q} \frac{1}{|Q|} \int_Q w\, d^n x$$

Wir sprechen im folgenden von einer $A_{a,b}$-Bedingung ($B_{c,d}$-Bedingung), wenn Konstanten $a > 0$, $b \in (0,1]$ ($c > 0$, $d \in (0,1]$) existieren, so dass

$$\frac{|A|}{|Q|} \leq a \left(\frac{\int_A w\, d^n x}{\int_Q w\, d^n x} \right)^b ,$$

beziehungsweise

$$\frac{\int_A w\, d^n x}{\int_Q w\, d^n x} \leq c \left(\frac{|A|}{|Q|}\right)^d$$

für alle Würfel $Q \subset R^n$ und für alle (messbaren) Teilmengen $A \subset Q$. Eine A_p-Bedingung zieht also eine $A_{a,b}$-Bedingung mit sich, ebenso eine B_q-Bedingung eine $B_{c,d}$-Bedingung. Des weiteren folgt aus der Bedingung A_p die Bedingung $A_{\alpha,\beta}$: Es existieren Konstanten $\alpha, \beta \in (0,1)$, so dass

$$|A| < \beta\, |Q| \qquad \text{falls} \qquad \int_A w\, d^n x < \alpha \int_Q w\, d^n x$$

(für alle Würfel $Q \subset R^n$ und für alle Teilmengen $A \subset Q$). Analog folgt aus der B_q-Bedingung die $B_{\gamma,\delta}$-Bedingung: Es existieren Konstanten $\gamma, \delta \in (0,1)$, so dass

$$\int_A w\, d^n x < \delta \int_Q w\, d^n x \qquad \text{falls} \qquad |A| < \gamma\, |Q| .$$

Ohne Schwierigkeiten zeigt man nun, dass die $A_{\alpha,\beta}$-Bedingung aus der $B_{\gamma,\delta}$-Bedingung folgt (und umgekehrt). Setzt man nämlich $\alpha' = 1 - \delta$, $\beta' = 1 - \gamma$ und $A' = Q \setminus A$, so folgt aus

$$\int_{A'} w\, d^n x \leq \alpha' \int_Q w\, d^n x$$

die Ungleichung

$$\int_A w\, d^n x = \int_Q w\, d^n x - \int_{A'} w\, d^n x \geq (1 - \alpha') \int_Q w\, d^n x .$$

Auf Grund von $B_{\gamma,\delta}$ ist also

$$|A| \geq \gamma\, |Q|$$

und damit

$$|A'| = |Q| - |A| \leq (1 - \gamma) |Q| = \beta' |Q|$$

SATZ 7 (Coifman-Fefferman [8])

Erfüllt $w \geq 0$ eine $A_{\alpha,\beta}$-Bedingung, so auch eine B_q-Bedingung und eine A_p-Bedingung.

Der Beweis aus [8] ist im Anhang wiedergegeben.

KOROLLAR

Die Bedingungen A_p, $A_{a,b}$, $A_{\alpha,\beta}$, B_q, $B_{c,d}$ und $B_{\gamma,\delta}$ sind aequivalent.

KOROLLAR

Die angeführten Bedingungen sind aequivalent zur Bedingung

$$\sup_{Q \subset R^n} \frac{M_1\ (w,Q)}{M_0\ (w,Q)} < \infty \quad .$$

M_1 ist das arithmetische, M_0 das geometrische Mittel der Funktion w.

Dieses Korollar folgt unmittelbar aus Satz 7 und Satz II.3.

C BMO-FUNKTIONEN BEZUEGLICH ALLGEMEINER MASSE

Wir betrachten eine dyadische Zerlegung von R^n in Würfel Q der Seitenlänge 2^k, $k \in Z$. Jeder Würfel Q ist in genau einem Würfel Q' mit doppelter Seitenlänge enthalten. Im Kapitel II wurde bemerkt, dass der Satz von John-Nirenberg seine Gültigkeit behält, wenn man die BMO-Norm bezüglich positiver Borelmasse τ durch

$$\| f \|_\tau = \sup_Q \frac{1}{\tau Q} \int_Q | f - f_{Q',\tau} | \, d\tau$$

mit $f_{Q',\tau} = \frac{1}{\tau Q'} \int_{Q'} f \, d\tau$ definiert. Im allgemeinen erhält man eine neue Klasse von Funktionen, wenn $f_{Q'}$ durch f_Q ersetzt wird. Erfüllt jedoch τ die Bedingung

$$\int_{Q'} d\tau \leq c \int_Q d\tau$$

mit einer von Q unabhängigen Konstanten c, so wird durch

$\sup\limits_{Q} \frac{1}{\tau Q} \int_Q |f - f_{Q,\tau}|\, d\tau$ eine zu $\|f\|_\tau$ aequivalente Norm definiert. Offensichtlich ist nämlich

$$\frac{1}{\tau Q} \int_Q |f - f_{Q,\tau}|\, d\tau \leq \frac{1}{\tau Q} \int_Q |f - f_{Q',\tau}|\, d\tau + |f_{Q',\tau} - \frac{1}{\tau Q} \int_Q f\, d\tau|$$
$$\leq 2\, \frac{1}{\tau Q} \int_Q |f - f_{Q',\tau}|\, d\tau$$

und umgekehrt gilt dann

$$\frac{1}{\tau Q} \int_Q |f - f_{Q',\tau}|\, d\tau \leq \frac{\tau Q'}{\tau Q}\, \frac{1}{\tau Q'} \int_{Q'} |f - f_{Q',\tau}|\, d\tau$$
$$\leq c\, 2^n\, \frac{1}{\tau Q'} \int_Q |f - f_{Q',\tau}|\, d\tau\, .$$

Aus der $A_{a,b}$-Bedingung aus Abschnitt B ist sofort ersichtlich, dass für A_p-Funktionen w eine Ungleichung der Form

$$\int_{Q'} w\, d^n x \leq c \int_Q w\, d^n x$$

mit einer von Q unabhängigen Konstanten gilt. Die Umkehrung dieses Sachverhaltes scheint falsch zu sein. Genauer, es existiert eine Folge positiver Funktionen w_j, so dass

$$\int_{Q'} w_j\, dx \leq c \int_Q w_j dx$$

für alle j und alle Q aus derjenigen dyadischen Zerlegung von R, welche das Einheitsintervall $[0,1]$ enthält. Für Q aus der dyadischen Zerlegung mit $|Q| = 1$ gilt jedoch

$$\exp \int_Q \log w_j\, dx = k^j \int_Q w_j\, dx$$

mit $$k = \frac{1}{c} \sqrt{2c-1} < 1\, :$$

Für j = 1 setzen wir

$$W_1(x) = \begin{cases} c^{-1} & \frac{1}{4} < x < \frac{3}{4} \quad \text{mod } Z \\ 2-c^{-1} & 0 < x < \frac{1}{4} \\ & \frac{3}{4} < x < 1 \quad \text{mod } Z \end{cases}$$

Ist Q ein Intervall der dyadischen Zerlegung $|Q| = 1$, so ist

$\int_Q w_1 \, dx = 1$ und $\exp \int_Q \log w_1 \, dx = \frac{1}{c} \sqrt{2c-1}$.

Die Funktion w_j wird folgendermassen aus w_{j-1} gewonnen: Ist $w_{j-1}(x) = t$ auf einem Intervall Q der dyadischen Zerlegung mit $|Q| = 4^{-j}$, so setzen wir

$$w_j(x) = \begin{cases} \frac{t}{c} & \text{für } x \in Q_2 \cup Q_3 \\ t(2-\frac{1}{c}) & \text{für } x \in Q_1 \cup Q_4 \end{cases},$$

wobei $Q_1,\ldots,Q_4$ die Teilwürfel von Q der Länge $|Q|/4$ bezeichnen. Die Funktionen w_j erfüllen alle in sie gesetzten Erwartungen.

Sind τ und ρ zwei verschiedene positive Borelmasse, so stellt sich die Frage nach der Aequivalenz der Normen $\|f\|_\tau$ und $\|f\|_\rho$.

SATZ 8

τ sei absolut stetig bezüglich ρ. Falls für ein $p > 1$ und für alle Q der dyadischen Zerlegung

$$\frac{\rho Q}{\tau Q} \left(\frac{1}{\rho Q} \int_Q \left(\frac{d\tau}{d\rho} \right)^p d\rho \right)^{1/p} \leq k ,$$

so existiert eine Konstante $C = C(K,p,n)$, so dass

$\|f\|_\tau \leq C \, \|f\|_\rho$

Beweis: siehe Anhang

KOROLLAR

τ sei absolut stetig bezüglich ρ und umgekehrt. Falls für ein $p > 1$ und für alle Q der dyadischen Zerlegung

$$\frac{1}{\rho Q} \int_Q \left(\frac{d\tau}{d\rho}\right)^p d\rho \, \frac{1}{\tau Q} \int_Q \left(\frac{d\rho}{d\tau}\right)^p d\tau \leq k^p ,$$

so sind die Normen $\|f\|_\tau$ und $\|f\|_\rho$ aequivalent.

Es muss nur bemerkt werden, dass für $p > 1$

$$\frac{\rho Q}{\tau Q} \leq \left(1/\tau Q \int_Q \left(\frac{d\rho}{d\tau}\right)^p d\tau \right)^{1/p} .$$

SATZ 9

Erfüllt $w \geq 0$ eine A_p-Bedingung, so sind die Normen $\|f\|_*$ und $\|f\|_\rho$ mit $d\rho = w\, d^n x$ aequivalent.

Der Beweis im Anhang verwendet die $A_{a,b}$- und $B_{c,d}$-Bedingungen (siehe das Korollar zu Satz 7). Es ist eine offene Frage, ob $w \geq 0$ eine A_p-Bedingung erfüllt, wenn die Normen $\|f\|_*$ und $\|f\|_\rho$, $d\rho = w\, d^n x$, aequivalent sind.

ANHANG III

a) BEWEIS VON SATZ 3 (Muckenhoupt [28])

Wir beginnen mit einer Version des Calderón-Zygmund Lemmas.

HILFSSATZ

Zu $f \in L^1(R^n)$, $f \geq 0$ und $a > 0$ existiert eine Folge paarweise disjunkter Mengen S_k und eine Folge achsenparalleler Würfel Q_k so, dass

a) $Q_k \subset S_k \subset 3Q_k$; $3Q_k$ ist der zu Q_k konzentrische achsenparallele Würfel mit 3-facher Seitenlänge.

b) $4^{-n} a \leq \frac{1}{|Q_k|} \int_{S_k} f(x)\, d^n x \leq a$

c) $\{x: M_f(x) > a\} \subset \bigcup_k S_k$

Wir verwenden hier für die Maximalfunktion M_f die modifizierte Definition

$$M_f(x) = \sup_{Q_x} \fint_{Q_x} |f|\, d^n x \quad ,$$

bei welcher das Supremum nur über die achsenparallelen Würfel Q_x mit Zentrum x genommen wird.

Für den Beweis des Hilfssatzes wird R^n in gleich grosse achsenparallele Würfel Q' aufgeteilt derart, dass

$$\fint_{Q'} f\, d^n x \leq 4^{-n} a$$

für jeden dieser Würfel. Durch weiteres Zerlegen der Q' - die Kanten werden jeweils halbiert - kann wie im Beweis zum Calderón-Zygmund Lemma (Kapitel II) eine Folge von Würfeln $\{Q_k\}$ ausgesondert werden, so dass

$$4^{-n}a \leq \fint_{Q_k} f\, d^nx \leq 2^{-n}a$$

und

$$f(x) \leq 4^{-n}a \qquad \text{f.ü. in } R^n \setminus \bigcup_k Q_k .$$

Man beachte, dass für alle Würfel Q aus der dyadischen Zerlegung, die nicht in einem der Würfel Q_k enthalten sind,

$$\fint_Q f\, d^nx \leq 4^{-n}a$$

(das sind die Würfel Q, die weiter zerlegt werden). Man definiert nun S_k durch

$$S_k = \{x \in 3Q_k: \ x \notin \bigcup_{i=1}^{k-1} S_i ,\ x \notin \bigcup_{j=k+1}^{\infty} Q_j\} .$$

Da $(S_k \setminus Q_k) \quad Q_j = \emptyset$ für $j = 1,2,\ldots,$ ist $f(x) \leq 4^{-n}a$ f.ü. in $S_k \setminus Q_k$. Daher ist

$$\underset{S_k \setminus Q_k}{} f\, d^nx \leq |S_k \setminus Q_k|\ 4^{-n}\ a \leq 4^{-n}\ a\ (|3Q_k| - |Q_k|)$$

Zusammen mit der Ungleichung $\fint_{Q_k} f\, d^nx \leq 2^{-n}a$ folgt also

$$\int_{S_k} f\, d^nx \leq a\,|Q_k|\ (2^{-n} + (3^n-1)\ 4^{-n}) \leq a\,|Q_k| .$$

Ist $M_f(x) > a$, so existiert ein achsenparalleler Würfel P mit Mittelpunkt x und $\fint_P f\, d^nx > a$. Man kann dann einen Würfel Q aus der dyadischen Zerlegung bestimmen, so dass

$$|P| \leq |Q| < 2^n\,|P|$$

und

$$\int_{P\cap Q} f\, d^nx \geq 2^{-n}a\,|P|$$

(höchstens 2^n Würfel Q dieser Grösse haben mit P einen nicht leeren Durchschnitt). Da nun

$$\int_Q f\, d^nx \geq 2^{-n}a\,|P| > 4^{-n}a\,|Q| ,$$

ist Q in einem Q_k enthalten. Offensichtlich ist dann $x \in P \subset 3Q_k$ und demzufolge $x \in \bigcup_k S_k$.

Der Beweis von Satz 3 geht über eine Abschätzung vom schwachen Typus der Form

$$\int_{E_a} w\, d^n x \leqslant \text{const}\; a^{-p} \int_{R^n} |f|^p\, w\, d^n x$$

mit $E_a = \{ x \in R^n : M_f(x) > a \}$.

In einem ersten Teil setzen wir voraus, dass w die A_p-Bedingung

$$\fint_Q w\, d^n x \;\Big(\fint_Q w^{-1/(p-1)}\, d^n x \Big)^{p-1} \leqslant k$$

erfüllt. Für $Q \subset S \subset 3Q$ ist

$$\fint_S w\, d^n x \;\Big(\fint_S w^{-1/(p-1)}\, d^n x \Big)^{p-1} \leqslant 3^{np}\, k = c .$$

Durch Anwendung des Hilfssatzes auf f erhält man

$$4^{-n} a \leqslant \frac{1}{|Q_k|} \int_{S_k} |f|\, d^n x$$

$$\leqslant \frac{|S_k|}{|Q_k|} \Big(\fint_{S_k} |f|^p\, w\, d^n x \Big)^{1/p} \Big(\fint_{S_k} w^{-1/(p-1)}\, d^n x \Big)^{(p-1)/p}$$

$$(4^{-n}a)^p \int_{E_a} w\, d^n x \leqslant \sum_k (4^{-n}a)^p\, |S_k| \fint_{S_k} w\, d^n x$$

$$\leqslant c \sum_k |S_k| \Big(\frac{|S_k|}{|Q_k|} \Big)^p \fint_{S_k} |f|^p\, w\, d^n x$$

$$\int_{E_a} w\, d^n x \leqslant 12^{np}\, c\, a^{-p} \sum_k \int_{S_k} |f|^p\, w\, d^n x$$

$$\leqslant c_p\, a^{-p} \int_{R^n} |f|^p\, w\, d^n x$$

Da nach Satz 2 w auch $A_{p'}$-Bedingungen für $p' > p-a$ erfüllt, gelten also Ungleichungen der Form

$$\int_{E_a} w\, d^n x \leqslant c_{p_i}\, a^{-p_i} \int_{R^n} |f|^p\, w\, d^n x \qquad i = 1,2$$

mit $p_1 < p < p_2$. Die Abschätzung vom starken Typus

$$\int_{R^n} M_f^p \, w \, d^n x \leq c_p \int_{R^n} |f|^p \, w \, d^n x$$

ist dann eine Konsequenz des Interpolationssatzes von Marcinkiewicz (Zygmund [47] Bd II p 112, Stein [37] p 272).

Im zweiten Teil setzen wir voraus, dass die Ungleichung

$$\int_{R^n} M_f^p \, w \, d^n x \leq c_p \int_{R^n} |f|^p \, w \, d^n x$$

für alle f gilt. Ist χ die charakteristische Funktion des Würfels $Q \subset R^n$, so ist

$$M_f \geq \chi \fint_Q f \, d^n x = \chi f_Q$$

und somit

$$\int_Q w \, d^n x \, f_Q^p \leq \int_{R^n} M_f^p \, w \, d^n x \leq c_p \int_{R^n} f^p \, w \, d^n x \, .$$

Für $f = \chi w^{-1/(p-1)}$ erhält man daraus

$$\fint_Q w \, d^n x \, \left(\fint_Q w^{-1/(p-1)} \, d^n x\right)^p \leq c_p \fint_Q w^{-p/(p-1)+1} \, d^n x \, .$$

Dies ist gleichbedeutend mit der A_p-Bedingung, es sei denn

$$A = \fint_Q w^{-1/(p-1)} \, d^n x \quad \text{sei 0 oder } \infty.$$

Ist $A = 0$, so ist $w = \infty$ f.ü. in Q. Für Würfel Q' mit $|Q \cap Q'| > 0$ ist demzufolge

$$\infty = \int_{Q'} M_f^p \, w \, d^n x \leq \int_{Q'} |f|^p \, w \, d^n x$$

für jede Funktion f mit $\int_{R^n} |f| \, d^n x > 0$. Wäre $w(x) < \infty$ auf einer Menge $A \subset Q'$ mit positivem Mass, so könnte $M < \infty$ gefunden werden, so dass

$$A' = \{x \in Q' \setminus Q : \, w(x) \leq M\}$$

keine Nullmenge wäre. Für die charakteristische Funktion $f_A = \chi_{A'}$ von A' erhielte man dann

$$\infty \leq \int_{R^n} |f|^p \, w \, d^n x \leq M \, |A'| < \infty$$

Daraus ist ersichtlich, dass $w = \infty$ f.ü. in R^n.

Den andern Ausnahmefall $w = 0$ f.ü. erhält man, wenn $A = \infty$. $w^{-1/p}$ ist dann nicht in $L^{p'}(Q)$. Wir bestimmen $g \in L^p(Q)$, so dass

$\int_Q g\, w^{-1/p}\, d^n x = \infty$ und setzen

$$f = g \cdot w^{-1/p}\chi.$$

Da $M_f = \infty$ in R^n, muss $w = 0$ f.ü. in Q, andernfalls wäre

$$\infty = \int M_f^{\,p}\, w\, d^n x \leq C_p \int |f|^p\, w\, d^n x = C_p \int |g|^p\, d^n x < \infty .$$

Natürlich ist $\int w^{-1/(p-1)}\, d^n x = \infty$ für jeden Würfel Q' mit $|Q' \cap Q| > 0$ sobald $w = 0$ in Q. Aus $A = \infty$ folgt also $w = 0$ f.ü. in R^n.

BEMERKUNG

In [8] wird der Beweis des ersten Teiles dieses Satzes auf die Ungleichung

$$\int_{R^n} (M_{f,\rho})^t\, d\rho \leq C_t \int_{R^n} |f|^t\, d\rho \qquad t > 1$$

$$M_{f,\rho}(x) = \sup_{x \in Q \subset R^n} \frac{1}{\rho Q} \int_Q |f|\, d\rho$$

zurückgeführt. Diese Ungleichung gilt, falls $\rho Q' \leq c\, \rho\, Q$ (Q' ist der doppelte Würfel), also insbesondere für $d\rho = w\, d^n x$, wenn eine A_p-Bedingung erfüllt. Da

$$M_f(x) \leq k^{1/p}\, (M_{f^p,\rho}(x))^{1/p}$$

aus

$$f_Q \leq \left(\int_Q f^p\, w\, d^n x\right)^{1/p} \left(\int_Q w^{-1/(p-1)}\, d^n x\right)^{(p-1)/p} \leq \left(k \frac{1}{\rho Q} \int_Q f^p\, d\rho\right)^{1/p}$$

folgt, erhält man somit für $t > 1$

$$\int_{R^n} M_f^{\,pt}\, d\rho \leq k^t \int_{R^n} (M_{f^p,\rho})^t\, d\rho \leq k^t\, C_t \int_{R^n} |f|^{pt}\, d\rho .$$

Der erste Teil ergibt sich unter Beizug von Satz 2.

b) BEWEIS VON SATZ 7 [8].

Wir setzen voraus, dass Konstanten α, $\beta \in (0,1)$ existieren so, dass für alle Würfel $Q \subset R^n$ und für alle Teilmengen $A \subset Q$

$$|A| < \beta\, |Q|$$

aus

$$\int_A w\, d^n x < \alpha \int_Q w\, d^n x$$

folgt. $w \geqslant 0$ erfüllt also die $A_{\alpha,\beta}$-Bedingung.

Es folgt unmittelbar, dass für $0 < \varepsilon < \alpha$, $\eta = 1 - \beta$ die Beziehung

$$|\{x \in Q:\ w(x) > \varepsilon ⨍_Q w\, d^n x\}| > \eta\, |Q|$$

gilt. Andernfalls erfüllte nämlich

$A' = \{x \in Q:\ w(x) \leqslant \varepsilon ⨍_Q w\, d^n x\} = Q \setminus A$ die Ungleichung

$$\frac{|A'|}{|Q|} = 1 - \frac{|A|}{|Q|} \geqslant 1 - \eta = \beta ,$$

und daher auf Grund der $A_{\alpha,\beta}$-Bedingung auch

$$\int_{A'} w\, d^n x \geqslant \alpha \int_Q w\, d^n x .$$

Das widerspricht jedoch der aus der Definition von A' hervorgehenden Ungleichung

$$\int_{A'} w\, d^n x \leqslant |A'|\ \varepsilon ⨍_Q w\, d^n x \leqslant \varepsilon \int_Q w\, d^n x .$$

Nach dem Lemma von Calderón-Zygmund existiert zu $\lambda > ⨍_Q w\, d^n x = w_Q$ eine Folge paarweise disjunkter Würfel $\{Q_j\}$ so, dass

$$w(x) \leqslant \lambda \qquad \text{f.ü. in } Q \setminus \bigcup_{j=1}^{\infty} Q_j$$

$$\lambda < ⨍_{Q_j} w\, d^n x \leqslant 2^n \lambda \qquad j = 1, \ldots .$$

Aus diesen Beziehungen folgt nun

$$\int_{\{x \in Q:\, w(x) > \lambda\}} w\, d^n x \leqslant \sum_j \int_{Q_j} w\, d^n x \leqslant 2^n \lambda \sum_j |Q_j|$$

$$\leqslant 2^n \lambda\, \eta^{-1} \sum_j |\{x \in Q_j : w(x) > \varepsilon\, w_{Q_j}\}|$$

$$\leqslant 2^n \lambda\, \eta^{-1} \sum_j |\{x \in Q_j : w(x) > \varepsilon\, \lambda\}|$$

$$\leqslant 2^n \lambda\, \eta^{-1} |\{x \quad Q : w(x) > \varepsilon\, \lambda\}|$$

und daher

$$\int_{\{x \in Q:\ w(x) > \lambda\}} w\, d^n x \leqslant C\, \lambda\, |\{x \in Q_j : w(x) > \varepsilon\, \lambda\}| \qquad (*)$$

Durch Multiplikation dieser Ungleichung mit λ^{a-1}, $a > 0$, und Integration bezüglich λ erhält man

$$\int_{w_Q} \lambda^{a-1} \left(\int_{\{x \in Q:\ w(x) > \lambda\}} w\, d^n x \right) d\lambda \leqslant C \int_0^\infty \lambda^a |\{x \in Q_j : w(x) > \varepsilon\, \lambda\}|\, d\lambda$$

$$= C\, \varepsilon^{-a-1} \frac{1}{a+1} \int_Q w^{1+a}\, d^n x \quad .$$

Durch Anwendung des Satzes von Fubini auf die linke Seite dieser Ungleichung ergibt sich

$$\int_{x \in Q:\ w(x) > w_Q} w(x) \left(\int_{w_Q}^{w(x)} \lambda^{a-1}\, d\lambda \right) d^n x$$

$$= \int_{\{x \quad Q:\ w(x) > w_Q\}} w(x) \left(\frac{w^a(x)}{a} - \frac{w_Q{}^a}{a} \right) d^n x$$

$$\leqslant \frac{1}{a} \int_Q w^{1+a}\, d^n x - \frac{1}{a}\, w_Q{}^{1+a}\, |Q| \quad .$$

Die B_q-Bedingung folgt also aus

$$\left(\frac{1}{a} - C\, \varepsilon^{-1-a} \frac{1}{a+1}\right) \int_Q w^{1+a}\, d^n x \leqslant \frac{1}{a}\, w_Q{}^{1+a} \, ,$$

falls $a < \varepsilon^{a+1} (a+1)\, C^{-1}$ gewählt wird. Es sollte beachtet werden, dass der Ausdruck $\frac{1}{a} \int_Q w^{1+a}\, d^n x$ nur subtrahiert werden kann, falls er endlich ist. Die angegebene Ueberlegung muss dann zuerst für die Funktion $w_N = \min(N, w(x))$ ausgeführt werden. Das Resultat für w erhält man sodann durch Grenzübergang $N \to \infty$. Man überlegt sich leicht, dass die Ungleichung (*) auch für w_N gilt.

Der Beweis folgt streng dem Muster der Beweise für die Sätze von John-Nirenberg und von Gehring. Die Voraussetzung, zusammen mit einer Anwendung des Calderón-Zygmund Lemmas, führen auf die entscheidende Ungleichung (*). Das Resultat folgt dann durch Integration.

Der zweite Teil des Beweises von Satz 7 ist eine Kopie des ersten Teils mit $d\mu = w\, d^n x$ anstelle von $d^n x$ und w^{-1} anstelle von w. Damit das Calderón-Zygmund Lemma bezüglich des Masses μ angewandt werden kann, muss

$$\int_{Q'} w\, d^n x \leq c \int_Q w\, d^n x \quad \text{gelten}$$

für Würfel $Q' \supset Q$ mit doppelter Seitenlänge. Nun lassen sich jedoch m Würfel Q_i $i = 1,2,..,m$ finden mit $Q_1 = Q$, $Q_m = Q'$, so dass $Q_{i+1} \supset Q_i$ und

$$|Q_i| \geq \beta\, |Q_{i+1}| \qquad i = 1,\dots m-1$$

(m ist nur von β und der Dimension n abhängig). Auf Grund der $A_{\alpha\,\beta}$-Bedingung ist dann

$$\int_{Q'} w\, d^n x \leq \alpha^{-m+1} \int_Q w\, d^n x$$

$w \geq 0$ erfülle eine $A_{\alpha,\beta}$-Bedingung. Wir setzen

$$d\mu = w\, d^n x, \qquad w_Q^{-1} = \frac{1}{\mu Q} \int_Q w^{-1}\, d\mu = \frac{|Q|}{\mu Q}$$

und $A = \{x \in Q:\ w^{-1}(x) > \beta\ w_Q^{-1}\}$. Wie im ersten Teil gilt dann für $\eta < \alpha$

$$\mu A > \eta\, \mu Q$$

andernfalls wäre $\frac{\eta A}{\mu Q} \leq \eta < \alpha$ und daher $|A| < \beta\, |Q|$, im Widerspruch zu

$$|A| = \int_A w^{-1}\, d\mu > \beta\, w_Q^{-1}\, \mu Q = \beta\, |Q|$$

Nach dem Lemma von Calderón-Zygmund (bezüglich μ) existiert zu $\lambda > w_Q^{-1}$ eine Folge paarweise disjunkter Würfel $\{Q_j\}$, so dass

$$w^{-1}(x) \leq \lambda \qquad \mu\text{- f.ü. in } Q \setminus \bigcup_j Q_j$$

$$\lambda < \frac{1}{\mu Q_j} \int_{Q_j} w^{-1}\, d\mu = w_{Q_j}^{-1} \leqslant c\,\lambda\,, \quad j = 1,\ldots$$

Aus diesen Beziehungen folgt:

$$\int_{\{x\in Q:\ w^{-1}(x)>\lambda\}} w^{-1}\, d\mu \leqslant c\,\lambda \sum_j \mu Q_j$$

$$\leqslant c\,\lambda\,\eta^{-1} \sum_j \mu\,\{x\in Q:\ w^{-1}(x) > \beta\, w_{Q_j}^{-1}\}$$

$$\leqslant c\,\lambda\,\eta^{-1}\,\mu\,\{x\in Q:\ w^{-1}(x) > \beta\,\lambda\}\,.$$

Wie im ersten Teil folgt nun die Behauptung aus der Ungleichung

$$|\{x\in Q:\ w^{-1}(x) > \lambda\}| \leqslant C\,\lambda\,\mu\,\{x\in Q:\ w^{-1}(x) > \beta\,\lambda\}$$

durch Integration. Diese Ungleichung ersetzt also (*).

$$\lambda^{a-1}\, |\{x\in Q:\ w^{-1}(x) > \lambda\}|\, d\lambda$$

$$\leqslant C\,\varepsilon^{-1-a}\,\frac{1}{a+1} \int_Q w^{-1-a}\, d\mu$$

sowie

$$w^{-1} \left(\int_{w_Q^{-1}}^{w^{-1}(x)} \lambda^{a-1}\, d\lambda \right) d\mu$$

$$\geqslant \frac{1}{a} \int_Q w^{-(1+a)}\, d\mu - \frac{1}{a}\, w_Q^{-1-a}\, \mu\,|Q|$$

führen auf

$$\left(\frac{1}{a} - C\,\varepsilon^{-a-1}\,\frac{1}{a+1}\right) \frac{1}{\mu Q} \int_Q w^{-1-a}\, d\mu \leqslant \frac{1}{a}\, w_Q^{-1-a}\,.$$

Für $a < \varepsilon^{a+1}\,(a+1)\,C^{-1}$ gilt also

$$\frac{1}{\mu Q} \int_Q w^{-a}\, d^n x \leqslant \text{const} \left(\frac{|Q|}{\mu Q}\right)^{1+a}$$

oder

$$\int_Q w\, d^n x \leqslant \text{const} \left(\int_Q w^{-a}\, d^n x\right)^{1/-a}$$

Das ist die A_p-Bedingung mit $\frac{1}{p-1} = a$.

C) BEWEIS VON SATZ 8

Auf Grund der Voraussetzung und der Hölder-Ungleichung ist für $A \subset Q$

$$\frac{\tau A}{\rho A} = \frac{1}{\rho A} \int_A \frac{d\tau}{d\rho}\, d\rho \leq \left(\frac{1}{\rho A} \int_A \left(\frac{d\tau}{d\rho}\right)^p d\rho\right)^{1/p}$$

$$\leq \left(\frac{\rho Q}{\rho A}\right)^{1/p} \left(\frac{1}{\rho Q} \int_Q \left(\frac{d\tau}{d\rho}\right)^p d\rho\right)^{1/p}$$

$$\leq \left(\frac{\rho Q}{\rho A}\right)^{1/p} k \; \frac{\tau Q}{\rho Q}$$

$$\frac{\tau A}{\tau Q} \leq k \left(\frac{\rho A}{\rho Q}\right)^{(p-1)/p}$$

Nach dem Satz von John-Nirenberg (Anhang II) gilt für $f \in BMO\rho$

$$\rho A_s = \rho\, \{x \in Q : |f(x) - f_{Q',\rho}| > s\} \leq a\, e^{-(bs)/(\|f\|_\rho)}\, \rho Q .$$

Es folgt daher

$$\frac{\tau A_s}{\tau Q} \leq k\, a^{(p-1)/p} \exp\left(\frac{-bs}{\|f\|_\rho} \cdot \frac{p-1}{p} \cdot s\right)$$

und durch Integration

$$\frac{1}{\tau Q} \int_Q |f - f_{Q',\rho}|\, d\tau \leq \text{const}\, \frac{\|f\|_\rho}{b}\, \frac{p}{p-1} = c\, \|f\|_\rho .$$

Für die verschiedenen Mittelwerte gelten die Beziehungen

$$|f_{Q,\rho} - f_{Q',\rho}| \leq \|f\|_\rho$$

und

$$|f_{Q,\tau} - f_{Q,\rho}| = \frac{1}{\tau Q} \left| \int_Q f\, d\tau - f_{Q',\rho} \right|$$

$$\leq \frac{1}{\tau Q} \int_Q |f - f_{Q',\rho}|\, d\tau \leq c\, \|f\|_\rho .$$

Demzufolge ist für alle Q (und insbesondere für Q')

$$|f_{Q,\rho} - f_{Q,\tau}| \leq (1+c)\, \|f\|_\rho .$$

$\|f\|_\tau$ kann jetzt folgendermassen abgeschätz werden:

$$\frac{1}{\tau Q} \int_Q |f - f_{Q',\tau}| \, d\tau$$

$$\leqslant \frac{1}{\tau Q} \int_Q |f - f_{Q',\rho}| \, d\tau + |f_{Q',\rho} - f_{Q',\tau}|$$

$$\leqslant (1+2c) \, \|f\|_\rho \, .$$

BEWEIS VON SATZ 9

Nach dem Korollar zu Satz 7 (beziehungsweise nach dem Korollar zu Satz II.3) erfüllt w eine $B_{c,d}$-Bedingung:

$$\frac{\int_A w \, d^n x}{\int_Q w \, d^n x} \leqslant c \left(\frac{|A|}{|Q|}\right)^d .$$

Wir setzen $A_s = \{x \in Q: |f(x) - f_Q| > s\}$. Nach dem Satz von John-Nirenberg ist

$$|A_s| \leqslant a \, e^{-(bs)/(\|f\|_*)} |Q|$$

und daher

$$\int_{A_s} w \, d^n x \leqslant c \, a^d \exp\left(\frac{-bsd}{\|f\|_*}\right) \int_Q w \, d^n x \, .$$

Durch Integration erhält man

$$\int_Q |f - f_Q| \, w \, d^n x \leqslant c \, a^d \int_Q w \, d^n x \int_0^\infty e^{-(bsd)/(\|f\|_*)} \, ds$$

$$= c \, a^d \, \frac{\|f\|_*}{bd} \int_Q w \, d^n x = c' \, \|f\|_* \int_Q w \, d^n x \, .$$

Schliesslich muss f_Q durch $f_{Q',\rho} = \frac{1}{\rho Q'} \int_{Q'} f \, d\rho$,

$d\rho = w \, d^n x$, ersetzt werden:

$$|f_{Q'} - f_{Q',\rho}| \leqslant \frac{1}{\rho Q'} \int_{Q'} |f - f_{Q'}| \, d\rho \leqslant c' \, \|f\|_*$$

$$|f_Q - f_{Q'}| \leqslant 2 \, \|f\|_*$$

und daher

$$\frac{1}{\rho Q}\int_Q |f - f_{Q',\rho}|\, d\rho \leq \frac{1}{\rho Q}\int_Q (|f - f_Q| + |f_Q - f_{Q'}| + |f_{Q'} - f_{Q',\rho}|)\, d\rho$$

$$\leq 2\ (c'+1)\ \|f\|_* .$$

Die umgekehrte Relation $\|f\|_* \leq \text{const}\ \|f\|_\rho$ erhält man mit derselben Methode. Man kann dieses Resultat jedoch auch als Spezialfall von Satz 8 interpretieren. Mit $d\tau = d^n x$, $d\rho = w\ d^n x$ folgt aus der A^p-Bedingung

$$\frac{\rho Q}{\tau Q} \leq k \left(\frac{1}{\tau Q}\int_Q w^{1/(1-p)\ -1}\, d\rho\right)^{1-p}$$

und daraus

$$\left(\frac{\rho Q}{\tau Q}\right)^{1-(1-p)} \leq k \left(\frac{1}{\rho Q}\int_Q w^{p/(1-p)}\, d\rho\right)^{1-p}$$

$$\frac{\rho Q}{\tau Q}\left(\frac{1}{\rho Q}\int_Q \left(\frac{d\tau}{d\rho}\right)^{p/(p-1)} d\rho\right)^{(p-1)/p} \leq k^{1/p} .$$

Das ist die Voraussetzung des Satzes 8 für den konjugierten Exponenten.Es folgt also $\|f\|_* \leq \text{const}\ \|f\|_\rho$.

IV. DER DUALITAETSSATZ

In diesem Kapitel wird eine Reihe von charakteristischen Eigenschaften von BMO formuliert, in deren Zentrum der Dualitätssatz von Fefferman steht: BMO ist der Dualraum von H^1, dem Hardy-Raum mit Exponent 1. Hierzu werden in Abschnitt B die BMO-Funktionen mit Hilfe von Poissonintegralen in den oberen Halbraum $R^{n+1}_+ = \{(x,y) : x \in R^n, y > 0\}$ fortgesetzt. Mit Hilfe der g-Funktion von Littlewood und Paley lässt sich die harmonische Fortsetzung auf R^{n+1}_+ von BMO-Funktionen abschätzen. Erst kürzlich haben Neri, Johnson und Fabes in [6] gezeigt, dass die Abschätzung auch hinreichend ist für die Existenz einer Randfunktion in BMO.

Der Raum H^1 ist definiert als Gesamtheit aller integrierbaren Funktionen f, deren Riesz-Transformierte $R_j f$ $(j = 1,2,.., n)$ ebenfalls integrierbar sind. Dementsprechend lässt sich BMO mit Hilfe der Riesz-Transformationen R_j aus L^∞ erzeugen. Dies wird in Abschnitt A und C durchgeführt werden. U. Neri [23] hat kürzlich bewiesen, dass H^1 nicht reflexiv ist, indem er diese Darstellung von BMO zur Konstruktion des Raumes $G^\infty \neq$ BMO mit $(G^\infty)' = H^1$ benutzt.

A. SINGULAERE INTEGRALE BESCHRAENKTER FUNKTIONEN

In diesem Abschnitt erörtern wir die Wirkungsweise singulärer Integraloperationen, insbesondere der Riesz-Transformationen R_j $(1 \leq j \leq n)$, auf beschränkte Funktionen (siehe [11], S. 143). Zu diesem Zweck untersuchen wir vorerst eine besondere Klasse von Kernen a(x):

1) $a \in L^1 (R^n)$

2) $\displaystyle\int_{|x| \geq 2|y|} |a(x-y) - a(x)| \, d^n x \leq A \qquad$ für $y \neq 0$

3) $|a(x)| \leq A \qquad$ für alle $x \in R^n$.

Hierbei ist folgendes zu beachten: aus 1) folgt natürlich auch 3). Hingegen werden wir aber auch Kerne k betrachten (sogenannte Calderón-Zygmund-Kerne) mit folgender Struktur:

$$k(x) = \frac{\Omega(x)}{|x|^n} \quad , \text{ wobei } \Omega(\lambda x) = \Omega(x) \text{ für alle } \lambda > 0 \text{ und}$$

$$\int_{|x|=1} \Omega(x)\, d^n x = 0.$$

Ausserdem soll Ω die folgende Stetigkeitsbedingung erfüllen: ist $w(t) = \sup \{ |\Omega(x) - \Omega(y)| : |x| = |y| = 1, |x-y| \leq t \}$, so gilt

$$\int_0 \frac{w(t)}{t}\, dt < \infty .$$

Bezeichnen wir für $r < N$ mit $k_{r,N}$ den Ausdruck

$$k_{r,N}(x) = \begin{cases} k(x) & \text{für } r \leq |x| \leq N \\ 0 & \text{sonst} \end{cases} ,$$

so ist offensichtlich für feste r und N $k_{r,N} \in L^1(R^n)$ und es ist bekannt, dass 2) und 3) erfüllt sind mit einer Konstanten A, die von r und N nicht abhängt (siehe [37], S. 40). Wichtig ist dabei, dass A von $\|a\|_1$ nicht abhängt. Dies gilt insbesondere für den folgenden

HILFSSATZ (Stein [36])

Sei $f \in L^\infty$ und a ein Kern mit den Eigenschaften 1), 2) und 3). Dann gilt

$$\|a * f\|_* \leq c(A)\, \|f\|_\infty$$

mit einer nur von A abhängigen Konstanten c(A).

Beweis:
Sei Q ein fester achsenparalleler Würfel mit Zentrum x_o und Kantenlänge r. Ohne Beschränkung der Allgemeinheit können wir $x_o = 0$ setzen. Gesucht wird eine Konstante a_Q, so dass gilt

$$⨍_Q |a*f(y) - a_Q|\, d^n y \leq c(A)\, \|f\|_\infty .$$

Sei S die Kugel mit Zentrum 0 und Radius 2 r (vgl. Figur), und f zerlegen wir gemäss

$$f_1(x) = \begin{cases} f(x) & \text{für } x \in S \\ 0 & \text{sonst} \end{cases}$$

und $f_2 = f - f_1$. Offenbar ist $f_1 \in L^2$ und $f_2 \in L^\infty$, und wir erhalten die Abschätzung:

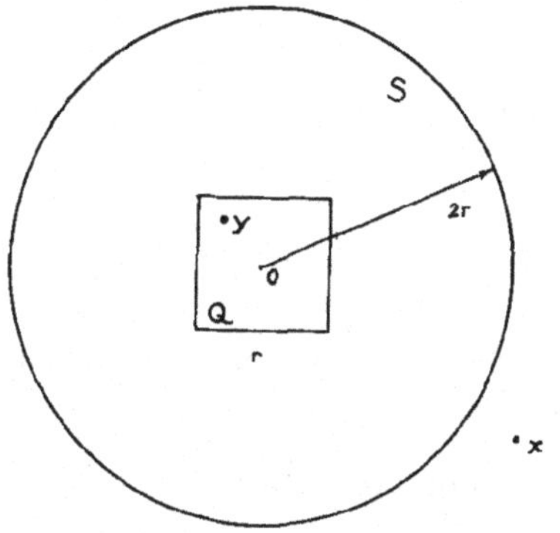

$$\int_Q |a*f - a_Q|\, d^n x \leq \int_Q |a*f_1|\, d^n x + \int_Q |a*f_2 - a_Q|\, d^n x$$

mit einer zunächst noch nicht bestimmten Konstanten a_Q.

Wegen $\|\hat{a}\|_\infty \leq A$ gilt jetzt:

$$\int_Q |a*f_1|\, d^n x \leq |Q|^{1/2} \left(\int_Q |a*f_1|^2\, d^n x\right)^{1/2} \leq$$

$$|Q|^{1/2} \|a*f_1\|_2 = |Q|^{1/2} \|\hat{a}\cdot \hat{f}_1\|_2 \leq$$

$$A\,|Q|^{1/2} \|f_1\|_2 = A\,|Q|^{1/2} \left(\int_S |f|^2\, dx\right)^{1/2} \leq$$

$$A\,\|f\|_\infty |Q|^{1/2} \left(\int_S d^n x\right)^{1/2} \leq A'\,\|f\|_\infty |Q| .$$

Das zweite Integral lässt sich auf Grund der Eigenschaft 2) wie folgt abschätzen. Dabei drängt sich der Ansatz auf:

$$a_Q = \int_{R^n} a(x)\, f_2(x)\, d^n x .$$

Für $y \in Q$ erhalten wir somit:

$$|a*f_2(y) - a_Q| \leq \int_{R^n} |a(x-y) - a(x)|\, |f_2(x)|\, d^n x$$

$$= \int_{x \notin S} |a(x-y) - a(x)|\, |f(x)|\, d^n x$$

$$\leq \int_{|x| \geq 2|y|} |a(x-y) - a(x)|\, \|f\|_\infty\, d^n x \leq A\, \|f\|_\infty ,$$

also erhalten wir insgesamt

$$\int_Q |a*f(y) - a_Q|\, d^n y \leq (A + A')\, \|f\|_\infty .$$

Wir werden jetzt Calderón-Zygmund-Kerne $k(x)$ betrachten; sie erfüllen also die eingangs erwähnten Forderungen, aus denen insbesondere 2) und 3) folgen. Als Beispiel erwähnen wir den Riesz-Kern

$$R_j(x) = c_n \frac{x_j}{|x|^{n+1}} \quad , \; c_n = \pi^{-(n+1)/2}\,\Gamma\left(\frac{n+1}{2}\right) \quad ,$$

hier ist $\Omega(x) = c_n \frac{x_j}{|x|}$. Es gilt ausserdem

$$\hat{R}_j(x) = i \frac{x_j}{|x|} \quad .$$

Zunächst ist aber zu beachten, dass $k*f$ für $f \in L^\infty$ nicht zu existieren braucht. Hierzu wähle man nur im Falle $n = 1$ $f(x) = \operatorname{sgn} x$ und $K(x) = \frac{1}{x}$. Durch eine einfache Modifikation lässt sich aber ein Ersatzausdruck für $k*f$ angeben:

DEFINITION (Calderón-Zygmund)

Sei $f \in L^\infty$ und k ein Calderón-Zygmund-Kern. Dann definieren wir Tf gemäss

$$Tf(x) = \lim_{r\to 0} \int_{R^n} [k_r(x-y) - k_1(-y)]\, f(y)\, d^n y \; ,$$

wobei $k_r(x) = k(x)$ für $|x| \geqslant r$ und $k_r(0)=0$ sonst, gesetzt wird.

Zunächst zeigen wir, dass $Tf(x)$ f.ü. existiert und auf jedem Kompaktum $\Omega \subset R^n$ im Sinne des quadratischen Mittels konvergiert.
Wir zerlegen das Integral $\int (k_r(x-y) - k_1(-y))\, f(y)\, d^n y$ in die Integrale

$$\int_{|x-y|\geqslant 1} (k_r(x-y) - k_1(-y))\, f(y)\, d^n y \quad ,$$

$$\int_{|x-y|<1} k_r(x-y)\, f(y)\, d^n y \, , \qquad -\int_{|x-y|<1} k_1(-y)\, f(y)\, d^n y \; .$$

Offensichtlich sind der 1. und 3. Anteil unproblematisch. Für den 2. erhalten wir:

$$\int_{R^n} k_{r,1}(x-y)\, f(y)\, d^n y \; .$$

Dieses Integral konvergiert fast überall. Es sei Q eine kompakte Menge, $x \in Q$ und

$$g(y) = \begin{cases} f(y) & \text{für } y \in \widetilde{Q} \\ 0 & \text{sonst} \end{cases} \quad ,$$

wo $\tilde{Q} = \{x : \mathrm{dist}(x,Q) \leq 1\}$. Offenbar ist $g \in L^2(R^n)$, und es ist für $|x-y| \leq 1$ wegen $x \in Q$:

$$g(y) = f(y) ,$$

also für das letzte Integral

$$\int_{R^n} k_{r,1}(x-y)\, g(y)\, d^n y .$$

Die Behauptung folgt nun aus der Theorie der singulären Integrale (siehe [37] , S. 39).

Bemerkung:

Der "Korrekturposten" $\int k_1(-y)\, f(y)\, dy$ hebt die Divergenz von $k*f$ auf. Sollte jedoch $k*f$ f.ü. existieren, so fallen die beiden Definitionen, abgesehen von einer Konstanten, zusammen.

Es gilt der

SATZ (Fefferman-Stein, [11])

Es sei k ein Calderón-Zygmund-Kern, $f \in L^\infty$ und Tf wie in der Definition festgelegt. Dann ist Tf in BMO, und es gilt

$$\|Tf\|_* \leq A \|f\|_\infty$$

mit einer von f unabhängigen Konstanten A.

Der Beweis befindet sich im Anhang.

Als wichtige Anwendung folgt insbesondere, dass die (modifizierten) Riesz-Transformationen einer beschränkten Funktion von beschränkter mittlerer Oszillation sind. Später (Abschnitt c) wird gezeigt, dass sich jede BMO-Funktion auf diese Weise gewinnen lässt.

B. POISSONINTEGRALE VON BMO-FUNKTIONEN

Aus Hilfssatz 1,I.B folgt für $f \in$ BMO die Existenz von $P_y * f$, wobei $P_y(x)$ der Poisson-Kern für $R_+^{n+1} = \{(x,t): x \in R^n,\ t > 0\}$ ist,

$$P_y(x) = \frac{c_n\, y}{(y^2+|x|^2)^{(n+1)/2}} , \quad c_n = \pi^{-(n+1)/2}\, \Gamma(\tfrac{n+1}{2}).$$

Zunächst ist auch (für feste $x,y > 0$) die Funktion $\tilde{f}(t) = f(x-yt)$ in BMO, und daher folgt die Existenz aus

$$|P_y * f(x)| \leq c_n y \int_{R^n} \frac{|f(x-s)|}{(y^2+|s|^2)^{(n+1)/2}} d^n x \leq$$

$$c_n \int_{R^n} \frac{|\tilde{f}(t)|}{1+|t|^{n+1}} d^n t < \infty .$$

Der folgende Satz kontrolliert das Wachstum der harmonischen Fortsetzung $u(x,y) = P_y * f$ von $f \in$ BMO im oberen Halbraum.

SATZ 2 (Fefferman [10])

Seien $f \in$ BMO, $0 < h < \infty$ und $T(x_o, h) = Q \times [0,h]$,
$Q = \{x \in R^n : |x - x_o| \leq h\}$. Dann gilt

$$\sup_{x_o, h} ⨍_Q \int_0^h y |\nabla u(x,y)|^2 d^n x \, dy \leq A \|f\|_*^2 ,$$

wobei $\nabla u = (\frac{\partial u}{\partial x_1}, \frac{\partial u}{\partial x_2}, \ldots, \frac{\partial u}{\partial x_n}, \frac{\partial u}{\partial y}) = (\nabla_x u, \frac{\partial u}{\partial y})$.

Beweis siehe Anhang. Wir bemerken hier nur, dass u mit einer Varianten der g-Funktion von Littlewood-Paley beschrieben wird.

Satz 2 lässt sich wie folgt umkehren, vgl. [9]:

SATZ 3

Sei $u(x,y)$ in R_+^{n+1} harmonisch, und es sei

$Q = \{x \in R^n : |x - x_o| \leq h\}$. Ist dann

$$\sup_{x_o, h} ⨍_Q \int_0^h y |\nabla u(x,y)|^2 d^n x \, dy = \|u\|_{**}^2 < \infty ,$$

so gibt es genau ein $f \in$ BMO mit $u(x,y) = P_y * f(x)$.

und es gilt $\|f\|_* \leq c\, \|u\|_{**}$ mit einer Konstanten c, die von f nicht abhängt.

Beweis siehe Anhang.

Diese charakteristische Eigenschaft von u gestattet die folgende Interpretation:

Es ist $t|\nabla u(x,t)|^2$ eine nichtnegative und lokalintegrierbare Funktion auf R_+^{n+1} ; daher ist durch

$$d\mu(x,t) = t|\nabla u(x,t)|^2\, d^n x\, dt$$

ein reguläres Borelmass auf R_+^{n+1} festgelegt, und Satz 2 besagt:

Für jeden Zylinder $T = Q \times [0,h]$ gilt

$$\mu(t) \leq A\, \|f\|_*\, |Q|.$$

Diese Eigenschaft spielt beim Beweis des Dualitätssatzes eine entscheidende Rolle. Ist nämlich $f \in L^p$ und $u(x,y) = P_y * f$, so gilt der folgende

SATZ 4 (Carleson)

Es sei μ ein reguläres positives Borelmass auf R_+^{n+1} mit

$\mu\,(Q) \leq c\, \mathrm{dia}^n(Q)$

für alle achsenparallelen Würfel $Q \subset \bar{R}_+^{n+1}$, die eine Seite in ∂R_+^{n+1} haben. Dann ist $u(x,y)$ bezüglich μ integrierbar, und es gilt

$$\int_{R_+^{n+1}} |u(x,y)|^p\, d\mu(x,y) \leq C_p\, \|f\|_p^p$$

mit einer nur von c, p und n abhängigen Konstanten C_p.

Bemerkung

Die ursprüngliche Fassung [5] dieses Satzes wurde für Funktionen auf dem Einheitskreis formuliert. Eine allgemeine Version sowie eine Vereinfachung des langwierigen Originalbeweises stammt von Hörmander [18]. Der im Anhang gegebene Beweis stützt sich auf eine Arbeit von Carleson [6].

Im Zusammenhang mit Kapitel III, in dem Funktionen betrachtet wurden, die einer A_p-Bedingung genügen, sei erwähnt, dass der Satz von Carleson auch noch unter Einbezug gewisser Dichtefunktionen w gültig ist; vgl. Anhang a .

C. DER DUALITAETSSATZ

DEFINITION

$H^1(R^n)$ ist der Raum aller integrierbaren Funktionen f, deren Riesz-Transformierte $R_j f$ (j = 1,2,..., n) ebenfalls integrierbar sind. Wir setzen

$$\|f\|_{H^1} = \sum_{j=0}^{n} \|R_j f\|_1 \quad , R_0 f: = f .$$

H^1 ist ein vollständiger normierter Raum.

Bemerkungen

1. $R_j f$ ist hier wie gewöhnlich gemäss

$$R_j f(x) = \lim_{r\to 0} c_n \int_{|t|\geq r} \frac{t_j}{|t|^{n+1}} f(x-t)\, d^n t$$

definiert (vgl. die Def. von Tf, $f \in L^\infty$ in A).

2. H^1 lässt sich, wie es ursprünglich auch geschehen ist, mit Hilfe harmonischer Funktionen in R^{n+1}_+ beschreiben. Hierzu sei für $j = 0,1,\ldots, n$ und $R_0 = I$

$$u_j(x,y) = P_y * R_j f \quad .$$

Wir bilden $F(x,y) = (u_0, u_1, u_2,\ldots, u_n)(x,y)$ und es folgt unmittelbar aus $R_j f \in L^1$:

$$\|F\|_{H^1} : = \sup_{y>0} \int_{R^n} \left(\sum_{j=0}^{n} |u_j(x,y)|^2 \right)^{1/2} d^n x \leq A \|f\|_{H^1} .$$

Ausserdem erfüllen, wie man sofort durch Fouriertransformation nachweisen kann, die u_j das folgende System von Differentialgleichungen:

$$\frac{\partial u_j}{\partial x_i} = \frac{\partial u_i}{\partial x_j}, \quad i,j=0,1,..,n, \quad x_o = y,$$

$$\sum_{i=o}^{n} \frac{\partial u_i}{\partial x_i} = 0 .$$

Ist umgekehrt $F(x,y)$ mit diesen Eigenschaften gegeben, so existiert genau ein $f \in H^1$, so dass gilt

$$u_j(x,y) = P_y * R_j f(x) \quad \text{(siehe [37] , S. 220 ff).}$$

3. Wir verwenden im folgenden einen Unterraum S_0 von H^1, der von Stein (siehe [37] , S. 230) eingeführt worden ist. Zunächst folgt aus $F \in H^1$ wegen $R_j f \in L^1$

$$i\frac{x_j}{|x|} \hat{f}(x) \in C_o(R^n),$$

also hat man $f(0) = 0$ oder $\int f(x)\, d^n x = 0$.

Wählen wir nun für S_0 die Gesamtheit der C^∞-Funktionen φ mit und $0 \notin \operatorname{supp} \hat{\varphi}$, so ist (anschaulich klar) S_0 in H^1 dicht (siehe [37] , S. 230).

SATZ 5 (Fefferman [10])

Sei λ eine stetige Linearform auf H^1. Dann existiert genau ein $f \in BMO$, so dass für alle $\varphi \in S_0$ gilt:

$$\lambda(\varphi) = \int f(x)\, \varphi(x)\, d^n x,$$

$$\|\lambda\| \geqslant A \|f\|_* .$$

Beweis

Das Integral existiert wegen

$$\int_{R^n} \frac{|f(x)|}{1+|x|^{n+1}}\, d^n x \leqslant \infty \quad , \quad \varphi \in S_0.$$

Es sei $B = L^1 \oplus L^1 \oplus \ldots \oplus L^1$ (n+1 Summanden) und $\|(\varphi_o, \varphi_1, \ldots, \varphi_n)\| = \sum_{j=o}^{n} \|\varphi_j\|_1$ für $\varphi_j \in L^1$, $S \subset B$ sei der zu H^1 isomorphe Unterraum, der alle diejenigen n-Tupel von Funktionen aus L^1 enthält, für die

$\varphi \in L^1$ und $\varphi_j = R_j \varphi \in L^1$. Wir zeigen, dass S abgeschlossen ist. Dazu sei $F^{(k)} = (\varphi_0^{(k)}, \varphi_1^{(k)}, \ldots, \varphi_n^{(k)})$ eine gegen $F = (\varphi_0, \varphi_1, \ldots, \varphi_n)$ konvergente Folge aus S; Hieraus folgt:

$$\|\varphi_0 - \varphi_0^{(k)}\|_1 \longrightarrow 0 \quad \text{, also}$$

$$i \frac{x_j}{|x|} \hat{\varphi}_0^{(k)} \longrightarrow i \frac{x_j}{|x|} \hat{\varphi}_0 \quad \text{gleichmässig.}$$

Weiter ist $\varphi_j^{(k)} \longrightarrow \varphi_j$ in L^1, also

$$\hat{\varphi}_j^{(k)} \longrightarrow \hat{\varphi}_j \qquad \text{gleichmässig,}$$

also $\quad i \frac{x_j}{|x|} \hat{\varphi}_0 = \hat{\varphi}_j \quad$ oder $\varphi_j = R_j \varphi_0$.

Ist nun $\lambda \in (H^1)'$, so kann λ aufgefasst werden als stetige Linearform auf S, denn S und H^1 sind isomorph.

Es sei $\tilde{\lambda}$ eine stetige Fortsetzung auf B . Daher gibt es eindeutig bestimmte Funktionen $f_0, f_1, \ldots, f_n$ aus L^∞, so dass gilt

$$\tilde{\lambda}(\varphi) = \sum_{j=0}^{n} \int R_j \varphi(x) f_j(x) \, d^n x \quad .$$

Wir verwenden nun die folgende Eigenschaft der Ries-Transformation. Zunächst gilt für $f, \varphi \in L^2$:

$$\int R_j f(x) \varphi(x) \, d^n x = - \int f(x) R_j \varphi(x) \, d^n x \quad ,$$

wie man sofort durch Fouriertransformation beweist. Ist hingegen $f \in L^\infty$ und $\varphi \in S_0$, so gilt diese Identität immer noch. Dazu verwenden wir

$$f_N(x) = \begin{cases} f(x) & \text{für } |x| \leq N \\ 0 & \text{sonst} \end{cases} \quad ,$$

so dass $f_N \in L^2$ und $\tilde{f}_N = f - f_N \in L^\infty$.

Es ist:

$$R_j f(x) - R_j f_N(x) = R_j \tilde{f}_N(x) = \lim_{r \to 0} \int (k_r(x-y) - k_1(-y)) \tilde{f}_N(x) \, d^n x \quad ,$$

k ist der Riesz-Kern R_j. Wir verwenden vorerst für φ C^{∞}-Funktionen mit kompaktem Träger und mit $\int \varphi(x)\, d^n x = 0$. Sei supp $\varphi \subset B_R(0)$. Dann ist für $N > \mathrm{Max}\,(1, 2R)$ und $x \in$ supp φ :

$$|R_j \widetilde{f}_N(x)| \leq \lim_{r \to 0} \int_{|y| \geq N} |k_r(x-y) - k_r(-y)|\ |f(y)|\, d^n y +$$

$$\lim_{r \to 0} \int_{|y| \geq N} |k_1(-y) - k_r(-y)|\ |f(y)|\, d^n y \leq A\, \|f\|_{\infty} R\, N^{-1},$$

also $R_j f_N \to R_j f$ f.ü. und

$$|R_j f_N(x)| \leq |R_j f(x)| + A\, \|f\|_{\infty}\, r N^{-1}$$

für alle $x \in$ supp φ. Hieraus folgt

$$\lim_{N \to \infty} \int R_j f_N(x)\, \varphi(x)\, d^n x = \int R_j f(x)\, \varphi(x)\, d^n x$$

und analog für die rechte Seite.

Aus dieser Beziehung ergibt sich jetzt

$$\lambda(\varphi) = \int \varphi(x)\, [\, f_0 - \sum_{j=1}^{n} R_j f_j]\, (x)\, d^n x\ .$$

Wegen Satz 1 ist $f_0 - \Sigma\, R_j f_j$ in BMO, und λ wird durch diese Funktion geliefert. Ausserdem erhalten wir noch

$$\|\widetilde{\lambda}\| = \sup_{\|(\varphi_0, \dots, \varphi_n)\| = 1} \Big| \sum_{j=1}^{n} \int \varphi_j(x)\, f_j(x)\, d^n x \Big| \geq 1/n \sum_{j=0}^{n} \|f_j\|_{\infty}\ .$$

Dieser letzte Ausdruck ist aber grösser oder gleich $A\, \|f\|_*$.

Die Umkehrung dieses Satzes ist wesentlich schwieriger zu beweisen. Wir führen den Beweis im Anhang mit Hilfe harmonischer Fortsetzung.

SATZ 6 (Fefferman [10])

Es sei $f \in$ BMO und für $\varphi \in S_0$ setzen wir

$$\lambda(\varphi) = \int f(x)\, \varphi(x)\, d^n x\ .$$

Dann existiert genau eine stetige Fortsetzung $\widetilde{\lambda}$ von λ auf H^1, und es gilt

$$\|\widetilde{\lambda}\| \leq A\, \|f\|_*\ .$$

Hieraus ergibt sich nun sofort das

KOROLLAR

Jede Funktion f von beschränkter mittlerer Oszillation lässt sich wie folgt darstellen:

$$f = f_0 + \sum_{j=1}^{n} R_j f_j$$

mit beschränkten Funktionen f_j.

Bemerkung

Dieses Korollar lässt sich weiter ausbeuten. U. Neri konstruiert in [29] einen Unterraum G^∞ von BMO mit der Eigenschaft, dass $(G^\infty)' = H^1$ gilt. G^∞ sei der Raum der lokalintegrierbaren Funktionen g mit

$$g = g_0 + \sum_{j=1}^{n} R_j g_j ,$$

wobei $g_0, g_1, \ldots, g_n$ zu C_0 gehören. G^∞ wird normiert mit der Setzung

$$\|g\|_{G^\infty} = \inf \{\|g_0\|_\infty + \sum_{j=1}^{n} \|g_j\|_\infty : g = g_0 + \sum_{j=1}^{n} R_j g_j\} .$$

ANHANG IV

a) Wir benutzen die Gelegenheit, mit der im Kapitel III aufgebauten Maschinerie eine Verallgemeinerung des Satzes von Carleson zu beweisen:

SATZ

μ sei ein positives Mass in R_+^{n+1} und $w \geq 0$ eine in $\partial R_+^{n+1} = R^n$ definierte A_p-Funktion ($p > 1$). Falls $\mu Q \leq c \int_P w \, d^n x$ für jeden Würfel $Q \subset R_+^{n+1}$, dessen Grundfläche P in ∂R_+^{n+1} liegt, so ist für $f \in L^p(R^n)$ mit $u = P_y * f$

$$\int_{R^n} |u(x,y)|^p \, d\mu \leq C \int_{R^n} |f|^p \, w \, d^n x$$

(C hängt von c, n und den Konstanten k, p aus der A_p-Bedingung ab).

Den im Text angegebenen Satz erhält man für den Spezialfall w = 1. Neben dem Satz von Muckenhoupt (Satz III.3) verwenden wir für den Beweis die folgenden beiden Eigenschaften von A_p-Funktionen:

a) Zu $k_1 > 0$ existiert $c_1 > 0$, so dass für jede Teilmenge P des Würfels Q

$$\int_Q w \, d^n x \leq c_1 \int_P w \, d^n x \; ,$$

falls $|Q| \leq k_1 \; |P|$.

b) Zu $k_2 > 0$ existiert $c_2 > 0$, so dass für jede Teilmenge P des Würfels Q

$$|Q| \leq c_2 |P| \, ,$$

falls

$$\int_Q w \, d^n x \leq k_1 \int_P w \, d^n x \; .$$

Die beiden erwähnten Eigenschaften folgen unmittelbar aus der $A_{a,b}$ - beziehungsweise aus der $B_{c,d}$-Bedingung. (siehe Kapitel III)

Zur Formulierung des folgenden Hilfssatzes bezeichnen wir mit $Q_{(x,y)}$ den achsenparallelen Würfel in R^{n+1}_+ mit Mittelpunkt (x, y/2), dessen Grundfläche $P_{(x,y)}$ in ∂R^{n+1}_+ liegt. Die Seitenlänge von $Q_{(x,y)}$ beziehungsweise $P_{(x,y)}$ ist y. E sei eine offene Menge in R^{n+1}_+, so dass

$$Y_1 = \sup_{(x,y)\in E} \int_{P(x,y)} w \, d^n x < \infty \; .$$

Schliesslich definieren wir $F \subset \partial R^{n+1}_+ = R^n$ durch

$$F = \{x \in R^n : \; \exists \, (x',y) \in E, \; |x - x'| < y\} \; .$$

HILFSSATZ

Unter den Voraussetzungen des Satzes gilt

$$\mu E \leq c' \int_F w \, d^n x \; .$$

Zu einem festen Parameter s > 1 wählen wir eine Folge von Würfeln Q_j (mit Grundflächen $P_j \subset \partial R^{n+1}_+$). Dazu bestimmen wir $Q_1 = Q_{(x_1, y_1)}$, so dass $(x_1, y_1) \in E$ und

$$s \int_{P_{(x_1,y_1)}} w \, d^n x > Y_1 \, .$$

Zur Wahl von Q_j setzen wir

$$Y_j = \sup_{\substack{(x,y) \in E \\ Q_{(x,y)} \cap Q_h = \emptyset, \; h=1,\dots,j-1}} \int_{P(x,y)} w \, d^n x$$

und bestimmen $Q_j = Q_{(x_j, y_j)}$, so dass $(x_j, y_j) \in E$,

$Q_j \cap Q_h = \emptyset$, $h = 1, \dots j-1$ und

$$s \int_{P_{(x_j,y_j)}} w \, d^n x > Y_j \, .$$

Man beachte, dass nach Definition von F $P_{(x_j, n^{-1/2} y_j)} \subset F$. Auf Grund der Eigenschaft a) ist also

$$\sum_j \int_{P_j} w \, d^n x \leq c_1 \int_{P_{(x_j, y_j)}} w \, d^n x \leq \int_F w \, d^n x \, .$$

Insbesondere gilt unter der Voraussetzung $\int_F w \, d^n x < \infty$

$$\lim_{j \to \infty} Y_j \leq s \lim_{j \to \infty} \int_{P_j} w \, d^n x = 0 \, .$$

Es sei nun $(x,y) \in E$, $\int_{P(x,y)} w \, d^n x > 0$. Dann existiert ein kleinster Index j mit $Q_{(x,y)} \cap Q_j \neq \emptyset$. Für diesen Index gilt

$$\int_{P(x,y)} w \, d^n x \leq Y_j < s \int_{P_j} w \, d^n x \, .$$

Wir zeigen, dass $|P_j| / |P_{(x,y)}|$ nicht zu klein sein kann. Falls $|P_j| < |P_{(x,y)}|$, so ist $P_j \cup P_{(x,y)}$ in einem Würfel P der Kantenlänge 2y enthalten, und gemäss Eigenschaften a) und b) gilt

$$\int_P w \, d^n x \leq c_1 \int_{P(x,y)} w \, d^n x < c_1 s \int_{P_j} w \, d^n x$$

$$|P_{(x,y)}| = 2^{-n} |P| < 2^{-n} c_2 \, |P_j| \, .$$

Da zu $(x,y) \in E$ nun also ein Würfel Q_j existiert mit $Q_{(x,y)} \cap Q_j \neq \emptyset$ und $|Q_{(x,y)}| \leq C' \, |Q_j|$, lässt sich auf eine Konstante C schliessen so dass

$$(x,y) \in Q_{(x_j,\ C\, y_j)}$$

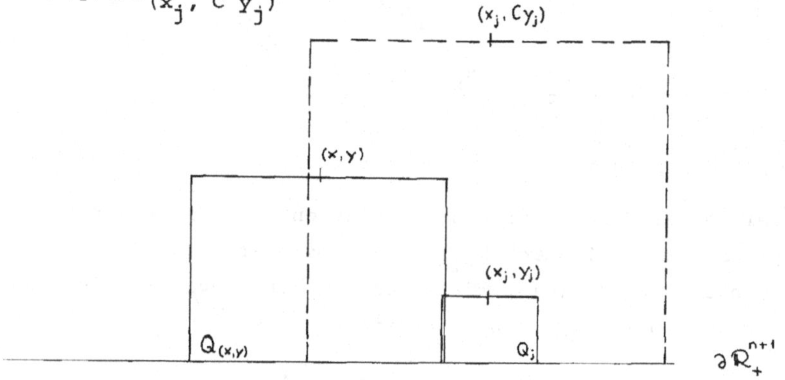

Aus der Hauptvoraussetzung $\mu Q \leq c \int_P w \, d^n x$ folgt nun

$$\mu E \leq \mu\{\bigcup_{j=1}^{\infty} Q_{(x_j,\ C\, y_j)}\} \leq \sum_{j=1}^{\infty} \mu Q_{(x_j,\ C\, y_j)}$$

$$\leq c \sum_{j=1}^{\infty} \int_{P_{(x_j, C y_j)}} w \, d^n x \leq c \, c_1(C,n) \sum_{j=1}^{\infty} \int_{P_{(x_j, n^{-1/2} y_j)}} w \, d^n x$$

$$\leq c' \int_F w \, d^n x \quad ,$$

was zu beweisen war.

Der Beweis des Satzes von Carleson gestaltet sich jetzt verhältnismässig einfach. Wir begnügen uns mit Funktionen $f \in C_c^\infty$, $u = P_y * f$ und verweisen auf ein Dichtigkeitsargument.

Die Menge $A_\sigma = \{(x,y) \in R_+^{n+1} : |u(x,y)| > \sigma\}$ erfüllt dann die Voraussetzungen des Hilfssatzes. Daher gilt (vorerst für $p \geq 1$)

$$\int_{R_+^{n+1}} |u|^p \, d\mu = p \int_0^\infty \sigma^{p-1} \mu \, A_\sigma \, d\sigma$$

$$\leq c' p \int_0^\infty \sigma^{p-1} \int_{F_\sigma} w \, d^n x \, d\sigma$$

mit

$$F_\sigma = \{x \in R^n : \ \exists (x',y) \in A_\sigma, \ |x-x'| < y\} .$$

Benutzt man die Beziehungen

$$f_\alpha(x) = \sup_{|x-x'|<y} |u(x',y)| \leqslant A\, M_f(x) \text{ f.ü.}$$

$$F_\sigma = \{x \in R^n :\ f_\alpha(x) > \sigma\} \quad ,$$

so erhält man

$$\int_{R_+^{n+1}} |u|^p\, d\mu \leqslant c' \int_{R^n} f^{\,p}\, w\, d^n x$$

$$\leqslant c' A^p \int_{R^n} M_f^{\,p}\, w\, d^n x \quad .$$

b) BEWEIS VON SATZ 1

Wir greifen das bereits erwähnte Verfahren auf, indem wir den Calderón-Zygmundkern $k(x)$ durch $k_{r,N}(x)$ approximieren.
Sei Q ein achsenparalleler Würfel und B_r eine Kugel mit Zentrum 0 und Radius r, die Q enthalte. Wir setzen

$$u_r(x) = \int (k_r(x-y) - k_1(-y))\, f(y)\, d^n y \ .$$

Offensichtlich ist $u_r(x) - u_N(x) = k_{r,N} * f(x)$, und $k_{r,N}$ erfüllt, wie schon bemerkt, die Bedingung

$$|\hat{k}_{r,N}(x)| \leqslant A \ ,$$

wo A von r, N nicht abhängt. Aus dem Hilfssatz folgt jetzt

$$\int_Q |u_r(x) - u_N(x) - (u_r)_Q + (u_N)_Q|\, d^n x \leqslant c(A)\, \|f\|_\infty \quad ,$$

und für $N > 1$ dürfen wir u_N durch

$$\tilde{u}_N = u_N + \int k_{1,N}(-y)\, f(y)\, d^n y$$

ersetzen, denn es ist

$$(\tilde{u}_N)_Q = (u_N)_Q + \int k_{1,N}(-y)\, f(y)\, d^n y \ .$$

Wir beweisen nun vorerst $\lim_{N\to\infty} \tilde{u}_N = 0$ gleichmässig in Q. Für $x \in Q$ und $R \geqslant r$ folgt mit $N > 3R$:

$$|u_N(x)| \leqslant \int |k_N(x-y) - k_N(-y)|\, d^n y \leqslant \int_{|y| \geqslant 2R} |k(x-y) - k(-y)|\, d^n y \ ,$$

denn aus $|y| < 2R$ folgt $|x-y| < 3R$ und der Integrand verschwindet.

Es ist

$$|k(x-y) - k(-y)| \leqslant |x-y|^{-n} |\Omega(x-y) - \Omega(-y)| +$$

$$|\Omega(-y)| \, |1/|x-y|^n - 1/|y|^n| ,$$

Ω ist homogen vom Grade 0, also:

$$|\Omega(x-y) - \Omega(-y)| = |\Omega((x-y)/|x-y|) - \Omega(-y/|y|)|$$

und

$$\left| \frac{x-y}{|x-y|} - \frac{-y}{|y|} \right| \leqslant A \frac{|x|}{|y|} .$$

Wir nehmen weiter an, es sei $\Omega(t) \geqslant t$, was offenbar keine Einschränkung der Allgemeinheit ist. Es ist somit

$$|\Omega(x-y) - \Omega(-y)| \leqslant w(A|x|/|y|) .$$

(Mit A wird eine von Ungleichung zu Ungleichung variable Konstante bezeichnet), weiter erhält man

$$\left| \frac{1}{|x-y|} - \frac{1}{|y|} \right| \leqslant A \frac{|x|}{|y|^{n+1}} \leqslant A |y|^{-n} w(A|x|/|y|) ,$$

denn $|y| \geqslant 2|x|$.

Also

$$\int_{|y| \geqslant 2R} |k(x-y) - k(-y)| \, d^n y \leqslant \int_{|y| \geqslant 2R} w(A|x|/|y|)/|x-y|^n d^n y$$

$$A \|\Omega\|_\infty \int_{|y| \geqslant 2R} w(A|x|/|y|)/|y|^n \, d^n y \leqslant$$

$$A \int_{|y| \geqslant 2R} w(A|x|/|y|)/|y|^n \, d^n y = A \int_0^{\frac{A|x|}{2R}} \frac{w(t)}{t} \, dt \leqslant$$

$$A \int_0^{\frac{Ar}{2R}} \frac{w(t)}{t} \, dt ,$$

also $\lim_{N \to \infty} |\tilde{u}_N(x)| = 0$ gleichmässig in Q. Hieraus folgt wegen der absoluten Konvergenz (bei festem $r > 0$) von $u_r(x)$:

$$\int_Q |u_r(x) - (u_r)_Q| \, d^n x \leq A \, \|f\|_\infty .$$

Der Folgerung 2), II.B entnehmen wir:

$$\int_Q |u_r(x) - (u_r)_Q|^2 \, d^n x \leq A \, \|f\|_\infty^2 ,$$

und wegen der Konvergenz von u_r im Sinne des quadratischen Mittels auf Q erhalten wir das gewünschte Ergebnis:

$$\int_Q |Tf(x) - (Tf)_Q|^2 \, d^n x \leq A \, \|f\|_\infty^2 .$$

c) BEWEIS VON SATZ 2

Vorbemerkung: ist $\varphi \in L^2$, so ist die g-Funktion von Paley-Littlewood $g(\varphi)$ wie folgt definiert:

$$g(\varphi)\ (x) = \left(\int_0^\infty y |\nabla \varphi(x,y)|^2 \, dy\right)^{1/2} ,$$

wobei $\varphi(x,y) = P_y * \varphi(x)$ gesetzt worden ist. Es ist klar, dass für $f \in$ BMO $g(f)$ i.a. nicht vorhanden ist. Deshalb betrachtet man die modifizierte Bildung

$$g_h(f)\ (x) = \left(\int_0^h y |\nabla u(x,y)|^2 \, dy\right)^{1/2} , \quad h > 0$$

und wählt dann an Stelle von $\int g(\varphi)^2 \, dx$ den Ausdruck

$$\int_Q g_h^2\ (f) \, dx \quad , \; Q = \{x \in R^n : |x - x_0| \leq h\} .$$

Dieser Ausdruck kontrolliert dann das Verhalten von $u(x,y) = P_y * f(x)$. Wir werden auch die folgende Identität verwenden, die man durch Nachrechnen direkt verifizieren kann:

$$\sqrt{2}\, \|g(\varphi)\|_2 = \|\varphi\|_2 .$$

Zum Beweis des Satzes 2 wählen wir (ohne Beschränkung der Allgemeinheit) $x_0 = 0$; Q_{4h} sei der Würfel mit Zentrum 0 und Kantenlänge 4h, χ, $\tilde{\chi}$ die charakteristischen Funktionen von Q_{4h} und $R^n \setminus Q_{4h}$. f wird zerlegt in $f_1 = f_{Q_{4h}}$, $f_2 = (f - f_{Q_{4h}})\chi$ und $f_3 = (f - f_{Q_{4h}})\tilde{\chi}$.

Es seien u_1, u_2, u_3 die Poissonintegrale von f_1, f_2, f_3 . Diese existieren nach B, obwohl f_2 und f_3 nicht zu BMO gehören müssen.

Dies beeinträchtigt aber die Wachstumseigenschaft offensichtlich nicht. Es ist jetzt $u = u_1 + u_2 + u_3$ und $\nabla u_1 = 0$, also erhalten wir:

$$\iint_{T(0,h)} y|\nabla u(x,y)|^2 \, d^n x \, dy \leq \iint_{T(0,h)} y|\nabla u_2(x,y)|^2 \, d^n x \, dy + \iint_{T(x,h)} y|\nabla u_3(x,y)|^2 \, d^n x \, dy \quad .$$

Das erste Integral der rechten Seite lässt sich wegen $f_2 \in L^2$ und der Beziehung $\|g(f_2)\|_2 = 1/\sqrt{2} \, \|f_2\|_2$ umformen zu

$$\iint_{T(x,h)} y|\nabla u(x,y)|^2 \, d^n x \, dy \leq \int_{R_+^{n+1}} y|\nabla u_2(x,y)|^2 \, d^n x \, dy =$$

$$(1/\sqrt{2} \, \|f_2\|_2)^2 = 1/2 \int_{Q_{4h}} |f(x) - f_{Q_{4h}}|^2 \, d^n x \leq A \, \|f\|_*^2 \, h^n ,$$

auf Grund von Folgerung I. 1.2). Für das zweite Integral gilt wegen

$$\left|\frac{\partial P_y}{\partial y}(x)\right| \leq A \, P_y(x) y^{-1} \quad ,$$

$$\left|\frac{\partial P_y}{\partial x_j}(x)\right| \leq A \, \frac{y\,|x_j|}{(|x|^2+y^2)^{(n+3)/2}} \leq A \, \frac{y|x|}{(|x|^2+y^2)^{(n+3)/2}} \leq A \, P_y y^{-1}$$

die Abschätzung

$$|\nabla P_y(x-t)| \leq A \, P_y(x) y^{-1} \quad ,$$

also

$$|\nabla u_3(x,y)| \leq \int |\nabla P_y(x-t)| \, |f_3(t)| \, d^n t \leq$$

$$A \int_{R^n \setminus Q_{4h}} \frac{|f(t) - f_{Q_{4h}}|}{(|x-t|^2+y^2)^{(n+1)/2}} \, d^n t \; .$$

Für $(x,y) \in T(0,h)$ ist $|x - t| + y \geq |t| - h$.

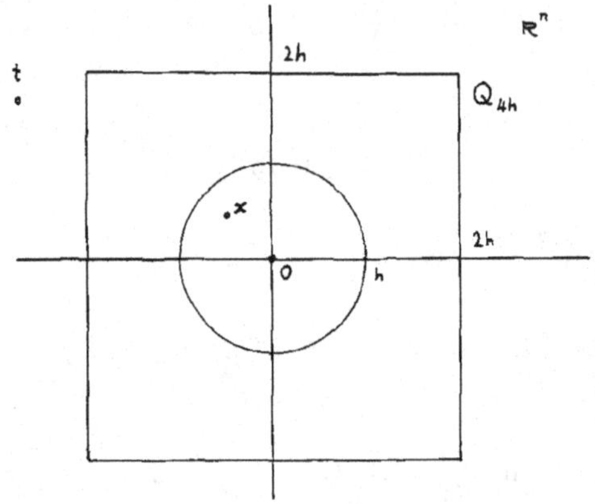

Wegen $\frac{|t|+h}{|t|-h} \leq 3$ ist das letzte Integral $\leq$

$$A \int_{R^n \setminus Q_{4h}} \frac{|f(t)-f_{Q_{4h}}|}{|t|^{n+1}+h^{n+1}} \, d^n t \leq A \, \|f\|_* \, h^{-1} ,$$

nach I.B. Insgesamt erhalten wir:

$$\iint_{T(0,h)} y \, |\nabla u(x,y)|^2 \, d^n x \, dy \leq A \, \|f\|_*^2 \, h^n + \int_Q \int_0^h \frac{A^2 \|f_*\|^2}{h^2} \, y \, dy \, d^n x$$

$$\leq A \, \|f\|_*^2 \, h^n .$$

Insbesondere ist also

$$\int_Q g_h^2(x) \, dx \leq A \, \|f\|_*^2$$

(vgl. dazu den Satz von Carleson)

d) BEWEIS VON SATZ 3 (siehe [9], S. 3 ff)

Zunächst wird eine Abschätzung für $\frac{\partial u}{\partial y}(x,y)$ und $\frac{\partial u}{\partial x_j}(x,y)$ gegeben.

Diese ist zu erwarten, denn Stein und Zygmund haben in [40] bewiesen, dass aus $f \in$ BMO und $u(x,y) = P_y * f(x)$

$$\left\| \frac{\partial u}{\partial x_j}(\cdot,y) \right\|_\infty \leq A \, \|f\|_* \, y^{-1}$$

folgt.

HILFSSATZ

Sei $j = 1, 2, \ldots, n$ und

$$\|h\|^2_{**} := \sup_{x_0, h} \int_{Q_h} \int_0^h y\, |\nabla u(x,y)|^2\, d^n x\, dy < \infty .$$

Dann folgt:

$$\left\|\frac{\partial u}{\partial y}(\cdot,y)\right\|_\infty \leq A\, \|u\|_{**}\, y^{-1}\quad , \quad \left\|\frac{\partial u}{\partial x_j}(\cdot,y)\right\|_\infty \leq A\, \|u\|_{**}\, y^{-1} .$$

Beweis

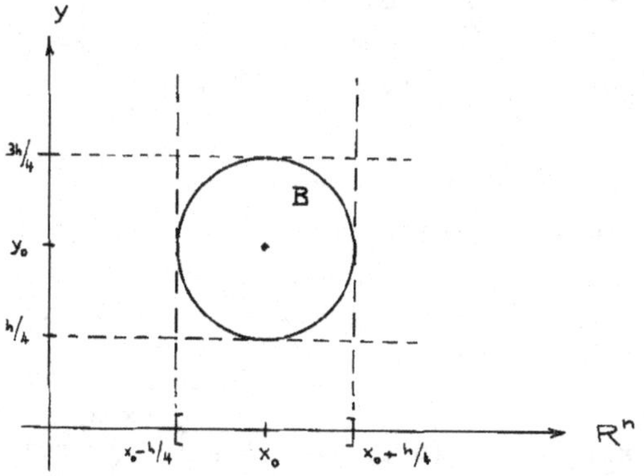

B sie die Kugel mit Zentrum (x_0, y_0) und Radius $\frac{h}{4}$. Offenbar ist $B \subset Q \times [\frac{h}{4}, \frac{3h}{4}]$, und $|\frac{\partial u}{\partial x_j}|^2$ ist subharmonisch. Deshalb gilt

$$\left|\frac{\partial u}{\partial x_j}(x_0, y_0)\right|^2 \leq \fint_B \left|\frac{\partial u}{\partial x_j}(x,y)\right|^2 dx\, dy \leq$$

$$A\, h^{-(n+1)} \int_{Q_h} \int_{h/4}^{3h/4} \left|\frac{\partial u(x,y)}{\partial x_j}\right|^2 dy\, dx \leq$$

$$A\, h^{-(n+1)}\, 4h^{-1} \int_{Q_h} \int_0^h y\, |\nabla u(x,y)|^2\, dy\, dx \leq A\, \|u\|^2_{**}\, h^{-2},$$

also

$$\left\|\frac{\partial u}{\partial x_j}(\cdot,y)\right\|_\infty \leq A\, \|u\|_{**}\, y^{-1} .$$

analog für $\frac{\partial u}{\partial y}$.

Aus diesem Hilfssatz folgt jetzt die Existenz von $P_t * u(x,y)$ für beliebige $y > 0$ und $t > 0$, denn für festes $x_0 \in R^n$ und $y > 0$ ist:

$$|u(x,y) - u(x_0,y)| \leqslant |u(x,y) - u(x, |x-x_0|) +$$

$$|u(x, |x-x_0|) - u(x_0, |x-x_0|)| + |u(x_0, |x-x_0|) - u(x_0,y)| ;$$

ist nun $|x - x_0| > y$, so folgt weiter:

$$|u(x,y) - u(x_0,y)| \leqslant 2 \int_y^{|x-x_0|} \|\frac{\partial u}{\partial t} (.,t)\|_\infty \, dt +$$

$$|x-x_0| \, . \, \|\text{grad } u(., |x-x_0| \|_\infty \leqslant 2A\|u\|_{**} \log \frac{|x-x_0|}{y} +$$

$$A \|u\|_{**} ;$$

ist hingegen $|x-x_0| \leqslant y$, so folgt direkt

$$|u(x,y) - u(x_0,y)| \leqslant |x-x_0| \, A \, \|u\|_{**} \, y^{-1} \leqslant A \, \|u\|_{**} \, .$$

also erhalten wir

$$|u(x,y)| \leqslant |u(x_0,y)| + A \, \|u\|_{**} \, (1 + \log^+ \frac{|x-x_0|}{y}) \quad ,$$

woraus sich die Existenz von $P_t * u(x,y)$ ergibt. Es sei für $\varepsilon > 0$

$$u_\varepsilon(x,y) = u(x,y+ \varepsilon) \quad ;$$

wegen der Beschränktheit von $\nabla u_\varepsilon(x,y)$ in jedem

$$R^{n+1}_{t_0} = \{(x,t) \, : \, x \in R^n, \, t \geqslant t_0 > 0\} \text{ folgt}$$

$$\nabla u_\varepsilon(x,y) = P_y * \nabla u(x,\varepsilon) = \nabla P_y * u(x,\varepsilon) \quad ,$$

also

$$u_\varepsilon(x,y) = P_y * u(x,\varepsilon) + A$$

und wegen

$$\lim_{y \to 0} u_\varepsilon(x,y) = u(x,\varepsilon) = \lim_{y \to 0} P_y * u(x,\varepsilon)$$

folgt $A = 0$. Wir zeigen weiter, dass bei festem $y > 0$ die Schar $\{u_\varepsilon(x,y) \, : \, \varepsilon > 0\}$ in der $\| . \|_{**}$ gleichmässig durch $A \, \|u\|_{**}$ beschränkt ist: es ist für $h \geqslant \varepsilon$

$$\fint_{Q_h}\int_0^h |\nabla u_\varepsilon(x,y)|^2\, y\, dy\, d^nx \leq \fint_{Q_h}\int_0^{2h} |\nabla u(x,y)|^2\, y\, dy\, d^nx \leq$$

$$2^n \|u\|^2_{**},$$

und für $h < \varepsilon$ auf Grund des Hilfssatzes

$$\fint_{Q_h}\int_0^h |\nabla u_\varepsilon(x,y)|^2\, y\, dy\, d^nx \leq A\,\|u\|^2_{**} \fint_{Q_h}\int_0^h \frac{y}{(y+\varepsilon)^2}\, dy\, d^nx$$

$$\leq A\,\|u\|^2_{**} \fint_{Q_h}\int_0^{h/3} t\, dt \leq h^2/2\varepsilon^2\, A\,\|u\|_{**} \leq A/2\,\|u\|^2_{**},$$

also in jedem Fall $\|u_\varepsilon\|_{**} \leq A\,\|u\|_{**}$ mit einer von ε unabhängigen Konstanten A.

Nun zum Beweis des Satzes 3: Seien $\varepsilon = 1/k$, $k \in N$ und $f_k = u(x,1/k)$. Nach den soeben getroffenen Vorbereitungen ist

$$P_y * f_k(x) = u_k(x,y) = u(x,y+1/k)\ ,$$

$$\|u_k\|_{**} \leq A\,\|u\|_{**}$$

für alle $k \in N$. Dieselben Manipulationen wie beim Beweis des Satzes 6 (, der später geführt wird, siehe e)) ergeben für $\varphi \in S_0$

$$|\int f_k(x)\ \varphi(x)\ d^nx| \leq A\,\|u_k\|_{**}\|\varphi\|_{H^1} \leq A\,\|u\|_{**}\|\varphi\|_{H^1},$$

also folgt aus Satz 5, dass $f_k \in$ BMO und

$$\|f_k\|_* \leq A\,\|u\|_{**}$$

für alle $k \in N$ gilt. Da, ebenfalls aus Satz 6, in BMO jede Kugel mit endlichem Radius schwach kompakt ist, folgt die Existenz einer Teilfolge n_k, so dass

$f_{n_k} \to f$ in der schwachen Topologie von BMO.

Wir zeigen nun, dass f die gewünschte Beziehung erfüllt. Zunächst ist $\nabla P_y(x,y)$ bei festem $y > 0$ in H^1 (siehe das letzte Kapitel) und für festes $x \in R^n$ gilt

$$\nabla u(x,y+1/n_k) = \nabla P_y * f_{n_k}(x)\ ,$$

$$\lim_{k\to\infty} \nabla u(x,y+\frac{1}{n_k}) = \nabla u(x,y)$$

und andererseits

$$\lim_{k\to\infty} \nabla P_y * f_{n_k}(x) = \lim_{k\to\infty} \int \nabla P_y(t)\, \tau_x\, f_{n_k}(t)\, d^n t$$

$$= \int \nabla P_y(t)\, \tau_x\, f(t)\, dt$$

wegen $\nabla P_y \in H^1$ und $f_{n_k} \longrightarrow f$.

Also erhalten wir

$$u(x,y) = P_y * f(x) + A \quad ,$$

woraus die Behauptung folgt, denn wir betrachten BMO modulo C. Es ist noch einmal zu betonen, dass der massive Satz 6 eingesetzt worden ist! Für einen andern Beweis, der ohne Satz 6 auskommt, verweisen wir auf [9].

e) BEWEIS VON SATZ 6

Ist $f, \varphi \in L^2$, so gilt nach dem in c) über die g-Funktion Gesagten:

$$\sqrt{2}\, \|g(f)\|_2 = \|f\|_2,$$

und für $u(x,y) = P_y * f(x)$, $\varphi(x,y) = P_y * \varphi(x)$ folgt durch Polarisieren:

$$\int f(x)\, \varphi(x)\, d^n x = 2 \int_{R^n} \int_0^\infty y \langle \nabla u(x,y), \nabla \varphi(x,y) \rangle \, dy\, d^n x .$$

Diese Beziehung bleibt für $f \in \mathrm{BMO}$ und $\varphi \in S_0$ richtig (Approximation von f durch f_N, $N \to \infty$). Wir fassen H^1 nunmehr in der in Bemerkung C.2 angegebenen Weise auf:

$$F(x,y) = (\varphi(x,y), \varphi_1(x,y), \ldots, \varphi_n(x,y)),$$

mit $\varphi_j(x,y) = P_y * R_j \varphi(x)$.

Die $\varphi_j(x,y)$ verschwinden für $|x| + y \to \infty$ rasch, also auch $|F|$. Allerdings kann $|F|$ verschwinden; dies wollen wir verhindern, indem wir F mit einer Funktion $S(x,y)$ stören (siehe auch [37], S.222). Wir denken uns, jedes φ_j ($\varphi_0 = \varphi$) nehme seine Werte in einem Vektorraum V_1 von endlicher Dimension an. S wählen wir wie folgt:

$$S(x,y) = (S_o(x,y),\ S_1(x,y),\ldots,\ S_n(x,y)),$$

wobei jedes S_j das (n+1)- Tupel $(S_{jk})_{k=o,1,..,n}$ der folgenden Funktionen ist :

$$S_{jk}(x,y) = \frac{\partial^2 H}{\partial x_j\ \partial x_k}(x,y) \quad ,$$

$$H(x,y) = (|x|^2 + (y+1)^2)^{-(n-1)/2} \qquad ') \quad ;$$

die S_j nehmen ihre Werte also im Raum $V_2 = R^{n+1}$ an. Wir betrachten die "gestörte" Funktion

$$F_\varepsilon(x,y) = F(x,y+\varepsilon) + \varepsilon S(x,y) \quad , \qquad \varepsilon > 0$$

mit den Komponenten

$$u_{\varepsilon,j}(x,y) = u_j(x,y+\varepsilon) + \varepsilon S_j(x,y).$$

Diese sind $V_1 \oplus V_2 = V$- wertig. V ist mit dem gewöhnlichen Skalarprodukt euklidisch, V_1 ist zu V_2 orthogonal, die Norm in V bezeichnen wir mit $|.|_V$.

1) Die $u_{\varepsilon,j}$ erfüllen die Cauchy-Riemannschen Differentialgleichungen, denn es ist

$$\frac{\partial u_{\varepsilon,j}}{\partial x_i} = \frac{\partial u_j}{\partial x_i} + \varepsilon \frac{\partial S_j}{\partial x_i} \quad ,$$

$$\frac{\partial S_j}{\partial x_i} = \left(\frac{\partial^3 H}{\partial x_i\ \partial x_j\ \partial x_k}\right)_{k=0,1,..,n} = \frac{\partial S_i}{\partial x_j} \quad ,$$

also erhalten wir

$$\frac{\partial u_{\varepsilon,j}}{\partial x_i} = \frac{\partial u_i}{\partial x_j} + \varepsilon \frac{\partial S_i}{\partial x_j} = \frac{\partial u_{\varepsilon,i}}{\partial x_j} \quad ,$$

und analog beweist man

$$\sum_{j=0}^{n} \frac{\partial u_{\varepsilon,j}}{\partial x_j} = 0 .$$

') Für n=1 wähle man für H die Funktion $H(x,y) = \log(1/\sqrt{x^2 + y^2})$

2) Durch Rechnung beweist man

$$|S(x,y)| = A\,(|x|^2 + (y+1)^2)^{-(n+1)/2}$$

Die Funktion F_ε hat nur positive Werte, denn

$$|u_{\varepsilon,j}|_V^2 = |u_j|_{V_1}^2 + \varepsilon^2 |S_j|_{V_2}^2 > 0 \ ,$$

wobei wir die Orthogonalität von V_1 und V_2 verwendet haben. Es ist

$$|S_j|_{V_2}^2 = \sum_{k=0}^{n} |S_{jk}|^2 \ .$$

Es folgt:

$$|\int f(x)\ \varphi(x)\ d^n x| \leqslant 2 \int_{R^n}\int_0^\infty y\ |\nabla u(x,y)|\,|\nabla\varphi(x,y)|\ dy\ d^n x \leqslant$$

$$\int_{R^n}\int_0^\infty y\ |\nabla u(x,y)|\,|\nabla F_\varepsilon(x,y)|\ dy\ d^n x \ ,$$

wobei ∇F_ε gegeben ist durch

$$\nabla u_{\varepsilon,j} = \nabla u_j + \varepsilon\ (\nabla S_{j_0},\ \nabla S_{j_1},\ldots,\ \nabla S_{j_n})$$

und $|\nabla F_\varepsilon|$ die gewöhnliche Bedeutung hat.

Das letzte Integral ist nach der Hölderschen Ungleichung

$$\leqslant \Big(\int_{R^n}\int_0^\infty y\ |\nabla u(x,y)|^2\ |F_\varepsilon(x,y)|\ d^n x\ dy\Big)^{1/2} \Big(\int_{R^n}\int_0^\infty y\ |\nabla F_\varepsilon(x,y)|^2 \frac{d^n x\ dy}{|F_\varepsilon(x,y)|}\Big)^{1/2} \ .$$

Hier wird deutlich, warum wir auf $|F_\varepsilon| > 0$ angewiesen sind. Wir schätzen das erste Integral ab: Zunächst ist

$$|F_\varepsilon(x,0)|^2 = |F(x,\varepsilon)|^2 + \varepsilon^2\ |S(x,0)|^2 \ ,$$

und wir setzen für $q = \frac{n-1}{n}$

$$g_\varepsilon(x) = |F_\varepsilon(x,0)|^q \ .$$

Dann ist $g_\varepsilon(x,y) = P_y * g_\varepsilon(x)$ sinnvoll (vgl. Eigenschaft 2) von S), und bekanntlich ist $|F_\varepsilon(x,y)|^q$ subharmonisch (vgl. [39], p. 37), also erhalten wir:

$$\Delta(|F_\varepsilon(x,y)|^q - g_\varepsilon(x,y)) \geqslant 0 \ .$$

Auf Grund des Maximumprinzips folgt wegen $|F_\varepsilon(x,0)|^q = g_\varepsilon(x,0)$:

$$g_\varepsilon(x,y) \geq |F_\varepsilon(x,y)|^q$$

also gilt mit $d\mu(x,y) = y\,|\nabla u(x,y)|^2\, d^n x\, dy$

$$\int_{R^n}\int_0^\infty y\,|\nabla u(x,y)|^2\,|F_\varepsilon(x,y)|\,d^n x\,dy \leq$$

$$\int_{R^n}\int_0^\infty y\,|\nabla u(x,y)|^2\, g_\varepsilon^{1/q}(x,y)\,d^n x\,dy = \int_{R^n}\int_0^\infty g_\varepsilon^{1/q}(x,y)\,d\mu(x,y).$$

Wegen Satz 2 folgt, dass μ die Voraussetzungen des Satzes von Carleson erfüllt (beachte $\frac{1}{q} > 1$), somit erhalten wir:

$$\left(\int_{R^n}\int_0^\infty g_\varepsilon^{1/q}(x,y)\,d\mu(x,y)\right)^q \leq C_q\left(\int_{R^n} g_\varepsilon^{1/q}(x)\,d^n x\right)^q ,$$

also nach Definition von g_ε :

$$\int_{R^n}\int_0^\infty g_\varepsilon^{1/q}(x,y)\,d\mu(x,y) \leq A_q \int_{R^n} |F_\varepsilon(x,0)|\,d^n x \leq$$

$$A_q \int_{R^n} \sup_{y>0} |F(x,y)|\,d^n x + \varepsilon A_q \int_{R^n} |S(x,0)|\,d^n x$$

$$\leq A_q\,\|\varphi\|_{H^1} + A\,\varepsilon ,$$

wobei wir noch die für H^1 charakteristische Abschätzung

$$\int_{R^n} \sup_{y>0} |F(x,y)|\,d^n x \leq A \sup \int_{R^n} |F(x,y)|\,d^n x$$

verwendet haben (siehe z.B. [37], S. 221, Corollary 2).

Durch Grenzübergang $\varepsilon \to 0$ erhalten wir schliesslich

$$\int_{R^n}\int_0^\infty y\,|\nabla u(x,y)|^2\,|F(x,y)|\,d^n x\,dy \leq A\,\|\varphi\|_{H^1} .$$

Zur Abschätzung des 2. Integrales wenden wir die Greensche Formel auf

$$u = y,\quad v = |F_\varepsilon(x,y)|$$

und das Gebiet $G = \{x: |x| \leq r\} \cap \overline{R^{n+1}_+}$ an, und beachten, dass u, v in G stetig und in G^0 zweimal stetig differenzierbar sind. Weiter erwähnen wir die Abschätzungen

$$|\nabla S(x,y)| = O\,(1 + |x| + y)^{-(n+2)} ,$$

$$|\Delta S(x,y)| = O\,(1 + |x| + y)^{-(n+3)} ,$$

die sich unmittelbar aus Eigenschaft 2) ergeben. Nun ist

$$\int_{\partial G} \left(y \frac{\partial |F_\varepsilon|}{\partial n} - |F_\varepsilon| \frac{\partial y}{\partial n}\right) d\sigma = \int_G y \, \Delta |F_\varepsilon| \, d^n x \, dy ,$$

wobei $\partial/\partial n$ die Ableitung der nach aussen gerichteten Normalen von ∂G bezeichnet. Wir erhalten

$$\left| \int_{\partial G \cap R_+^{n+1}} \left(y \frac{\partial |F_\varepsilon|}{\partial n} - |F_\varepsilon| \frac{\partial y}{\partial n}\right) d\sigma \right| \leq r \int_{\partial G \cap R_+^{n+1}} O(r^{-n-2}) \, d\sigma$$

$$+ \int_{\partial G \cap R_+^{n+1}} O(r^{-n-1}) \, d\sigma = O(1/r) ,$$

also gilt für $r \to \infty$:

$$\int_{R^n} |F_\varepsilon(x,0)| \, d^n x = \int_{R_+^{n+1}} y \, \Delta |F_\varepsilon(x,y)| \, d^n x \, dy ,$$

denn das letzte Integral existiert. Wegen Eigenschaft 1) von F_ε und $|F_\varepsilon| > 0$ gilt

$$|\nabla F_\varepsilon|^2 / |F_\varepsilon| \leq A \, \Delta |F_\varepsilon(x,y)| \quad , \text{(siehe [37] , S. 217)},$$

und das zweite Integral gestattet somit die folgende Abschätzung:

$$\int_{R^n} \int_0^\infty y \, |\nabla F_\varepsilon(x,y)|^2 \frac{d^n x \, dy}{|F_\varepsilon(x,y)|} \leq A \int_{R^n} \int_0^\infty y \, \Delta |F_\varepsilon(x,y)| \, d^n x \, dy$$

$$= A \int_{R^n} |F_\varepsilon(x,0)| \, d^n x \leq A \int_{R^n} \sup_{y>0} |F(x,y)| \, d^n x +$$

$$A \varepsilon \int_{R^n} |S(x,0)| \, d^n x ,$$

woraus man durch Grenzübergang $\varepsilon \to 0$ den Ausdruck erhält:

$$\int_{R^n} \int_0^\infty y \, |\nabla F(x,y)|^2 \, |F(x,y)|^{-1} \, d^n x \, dy \leq A \, \|\varphi\|_{H^1} .$$

Fasst man diese Abschätzungen zusammen und berücksichtigt zudem die Konstanten im Satz von Carleson, so folgt

$$\int_{R^n} f(x) \, \varphi(x) \, d^n x \leq A \, \|f\|_* \, \|\varphi\|_{H^1} .$$

f) BEWEIS DER BEMERKUNG

Sei $\mathcal{B}$ der Raum der endlichen Borelmasse auf R^n. Wegen $(C_0)' = \mathcal{B}$ und $C_0 \subset G^\infty$ gibt es zu jeder stetigen Linearform λ auf G^∞ ein Borelmass $\mu \in \mathcal{B}$ mit

$$\lambda(\varphi) = \mu(\varphi) = \int \varphi(x)\, d\mu(x)$$

für alle φ des in C_0 dichten Unterraumes S_0. Ist $1 \leq j \leq n$ und $\varphi \in S_0$, so gilt für $\lambda \in (G^\infty)^1$ wegen $R_j\varphi \in S_0$:

$$|\lambda(R_j\varphi)| = |\int R_j\varphi(x)\, d\mu(x)| \leq A\, \|\varphi\|_\infty ,$$

also existiert ein $\nu \in \mathcal{B}$ mit

$$\lambda(R_j\varphi) = \int R_j\varphi(x)\, d\mu(x) = \int \varphi(x)\, d\nu(x)$$

und nach Definition der Riesztransformation eines endlichen Borelmasses (siehe [38], S. 52) ist somit:

$$- R_j\mu = \nu \in \mathcal{B}.$$

Nach einem Satz von E.M. Stein und G. Weiss (siehe [38], S. 53) sind daher die Masse $R_j\mu$ absolut stetig in bezug auf das Lebesguesche Mass; es existieren somit absolut integrierbare Funktionen $f, f_1, \ldots, f_n$, so dass gilt:

$$d(R_j\mu)\ (x) = f_j(x)\, dx \ ,\quad d\mu(x) = f(x)\, dx$$

mit $f_j = R_j f$. Ist nun $g = g_0 + \sum_{j=1}^{n} R_j g_j$ mit $g_0, g_1, \ldots, g_n \in C_0$, so folgt:

$$|\lambda(g)| = |\int g(x)\, d\mu(x)| \leq |\int g_0(x)\, d\mu(x)| +$$
$$\sum_{j=1}^{n} |\int g_j(x)\, d(R_j\mu)(x)| \leq \|f\|_1\, \|g_0\|_\infty + \sum_{j=1}^{n} \|f_j\|_1\, \|g_j\|_\infty \leq$$
$$\|f\|_{H^1}\, (\|g_0\|_\infty + \sum_{j=1}^{n} \|g_j\|_\infty)\ ,\ \text{d.h.}$$
$$\|\lambda\| \leq \|f\|_{H^1} .$$

Die Umkehrung ist klar.

V QUASIKONFORME ABBILDUNGEN

A ZUR DEFINITION QUASIKONFORMER ABBILDUNGEN

Eine stetige Funktion f heisst absolut stetig auf Linien ($f \in ACL$) im Gebiet $G \subset R^n$, wenn folgendes erfüllt ist: In jedem achsenparallelen Quader Q

$$Q = \{x: a_i \leq x_i \leq b_i \quad i = 1,\dots n\} \subset G$$

ist f absolut stetig auf fast allen Geraden $(x_1,\dots x_{r-1}, t, x_{r+1},\dots x_n)$ $a_r \leq t \leq b_r$. (Der Ausdruck "fast alle" bezieht sich auf n - 1 dimensionale Nullmengen in den Projektionen

$$P_r = \{x = (x_1,\dots x_{r-1}, a_r, x_{r+1},\dots x_n) \in \partial Q\},\ r = 1,\dots n)$$

Ist $f \in ACL$, so existieren die partiellen Ableitungen fast überall.

Definition

Ein Homöomorphismus $f: G \to G'$ zwischen Gebieten $G, G' \subset R^n$ ist eine K-quasikonforme Abbildung, falls

1) $f \in ACL$

2) $\sup_{\xi \in R^n, |\xi| = 1} |F(x)\xi|^n \leq K\, J_f(x)$ f.ü. in G ,

wobei $F(x) = \left(\frac{\partial f_i}{\partial x_j}\right)$ die Jacobi-Matrix bezeichnet

und $J_f(x) = \det F(x)$ ihre Determinante.

Abbildungen heissen quasikonform, falls sie für ein $K \geq 1$ K-quasikonform sind.

Es kann gezeigt werden, dass quasikonforme Abbildungen fast überall (total) differenzierbar sind.

Quasikonforme Abbildungen sind absolut stetig bezüglich des n-dim. Lebesgue Masses. Es gilt also

$$|A'| = \int_A J_f(x)\, dx$$

für beliebige messbare Teilmengen $A \subset G$ mit Bild $A' = fA$. Insbesondere sind die partiellen Ableitungen auf Grund der Beziehung 2) lokal integrierbar zur Potenz n.

Ist f K-quasikonform, so ist die inverse Abbildung f^{-1} K^{n-1}-quasikonform. Quasikonforme Abbildungen können mit Hilfe des Moduls M(R) von Ringen R charakterisiert werden. Ein Ring $R \subset R^n$ ist ein Gebiet, dessen Komplement in $R^n \cup \{\infty\}$ aus genau zwei Komponenten C_0 und C_1 besteht.

Ein Homöomorphismus $f: G \to G' \subset R^n$ ist dann und nur dann K quasikonform, wenn

$$M(R) \leqslant K\, M(R')$$

für alle Ringe $R \subset G$ mit Bild $R' = fR$.

Der Modul M(R) ist definiert durch

$$M(R) = \inf \int_R \rho^n \, d^n x \quad ,$$

wobei das Infimum über alle borelmessbaren Funktionen $\rho \geq 0$ erstreckt wird, für welche

$$\int_\gamma \rho \, ds \geqslant 1$$

für jede Kurve γ, die C_0 mit C_1 verbindet.

Der Modul ist translations- rotations- und dilationsinvariant.

Ist $R = \{x\colon a < |x| < b\}$, so ist $M(R) = c_n \left(\log \frac{b}{a}\right)^{1-n}$. Man verwendet folgende Extremalitätseigenschaft: Falls der Ring R das Punktepaar 0 und x vom Punktepaar y und ∞ trennt (d.h. $0, x \in C_0$, $y, \infty \in C_1$), so ist $M(R) \geqslant M(R_T(\frac{|y|}{|x|}))$. $R_T(t)$ ist der sog. Teichmüller-Ring mit den Komponenten

$C_0 = \{x = (s, 0, \ldots 0);\ -1 \leqslant s \leqslant 0\}$ und

$C_1 = \{x = (s, 0, \ldots 0):\ t \leqslant s \leqslant \infty\}$. Für den Modul von R_T gilt die Abschätzung

$$M(R_T(t)) \geqslant c_n \left[\log (\lambda^2 (t+1))\right]^{1-n}$$

mit einer Konstanten λ, die nur von n abhängt.

Zur Theorie der quasikonformen Abbildungen in R^n konsultiere man die Abhandlungen von Caraman [3] Mostow [27] und Väisälä [45], sowie die Originalarbeiten. ([3] enthält eine unglaubliche Bibliographie mit über 2'000 Titeln.)

B DIE JACOBI-DETERMINANTE QUASIKONFORMER ABBILDUNGEN

SATZ 1 (Gehring [14])

Ist $f: R^n \to R^n$ eine K-quasikonforme Abbildung, so existiert eine Konstante $b = b\ (K,\ n)$, so dass

$$\oint_Q J_f\ d^n x \leq b\ (\oint_Q J_f^{1/n}\ d^n x)^n$$

für alle Würfel $Q \subset R^n$.

Beweis siehe Anhang a.

KOROLLAR 1

Es existiert eine Konstante $c = c(K) > 0$, so dass für $q \in [1,\ 1+c)$ und für alle Würfel $Q \subset R^n$

$$(\oint_Q J_f^q\ d^n x)^{1/q} \leq (\frac{c}{-q+1+c})^{1/q} \oint_Q J_f\ d^n x \quad .$$

Zum Beweis muss nur bemerkt werden, dass $J_f^{1/n}$ die Voraussetzungen von Satz II.3 erfüllt.

KOROLLAR 2

$$\frac{|A'|}{|Q'|} \leq (\frac{c}{-q+1+c})^{1/q} (\frac{|A|}{|Q|})^{(q-1)/q}$$

für jede messbare, im Würfel Q enthaltene Teilmenge A mit Bild $fA = A'$.

Wir erinnern an den folgenden einfachen Beweis (Kapitel III.B)

$$\frac{|A'|}{|A|} = \oint_A J_f\ d^n x \leq (\oint_A J_f^q\ d^n x)^{1/q}$$

$$\leq (\frac{|Q|}{|A|})^{1/q} (\oint_Q J_f^q\ d^n x)^{1/q} \leq (\frac{c}{-q+1+c})^{1/q} (\frac{|Q|}{|A|})^{1/q} \frac{|Q'|}{|Q|} \quad .$$

SATZ 2 [32]

Die Jacobi-Determinante J_f einer K-quasikonformen Abbildung erfüllt Muckenhoupt's A_p-Bedingung für $p > 1 + \frac{1}{c(K^{n-1})}$:

$$\fint_Q J_f \, d^n x \leq k \left(\fint_Q J_f^{-1/(p-1)} \, d^n x \right)^{1-p}$$

für alle Würfel $Q \subset R^n$.

Der im Anhang wiedergegebene Beweis aus [32] verwendet, dass die zu einer quasikonformen Abbildung inverse Abbildung wieder quasikonform ist. Man beachte, dass nach dem Satz von Coifman-Fefferman (Satz III.7) die B_q-Bedingung aus dem Korollar 1 zu einer A_p-Bedingung aequivalent ist.

KOROLLAR 1

$\log J_f \in BMO$; $\log |\mathrm{grad}\, f_i| \in BMO$ $i = 1, \ldots n$ für quasikonforme Abbildungen $f = (f_i, \ldots, f_n) : R^n \to R^n$

$\log J_f \in BMO$ folgt aus Satz III.1. Um zu zeigen, dass $\log |\mathrm{grad}\, f_i| \in BMO$, verwenden wir, dass die zur K-quasikonformen Abbildung f inverse Abbildung K^{n-1}-quasikonform ist. Darum gilt

$$K^{-n+1} J_f \leq |\mathrm{grad}\, f_i|^n \leq K J_f \qquad \text{f.ü. in } R^n$$

Es existiert also $g_i \in L^\infty \subset BMO$, $\|g_i\|_* \leq 2 \|g_i\| \leq 2(n-1) \log K$, so dass $n \log |\mathrm{grad}\, f_i| = \log J_f + g_i$.

KOROLLAR 2

Es seien M_g die Maximalfunktion von g und M_h diejenige von $h = g \circ f^{-1}$. Dann gilt für $p > 1 + \frac{1}{c(K^{n-1})}$

$$\int_{R^n} (M_g(x))^p J_f(x) \, d^n x \leq C_p \int_{R^n} (M_h(z))^p \, d^n z \, .$$

Diese Ungleichung folgt aus dem Satz von Muckenhoupt (Satz III 3). Man beachte, dass sowieso für $p > 1$

$$\int_{R^n} M_h{}^p\, d^n z \leq C'_p \int_{R^n} |h|^p\, d^n z = C'_p \int_{R^n} |g|^p\, J\, d^n x$$

$$\leq C'_p \int_{R^n} M_g{}^p\, J\, d^n x .$$

Wie in [32] gezeigt wird, können die Sätze 1 und 2 auch lokal formuliert werden. Demnach erfüllt beispielsweise die Jacobi-Determinante einer quasikonformen Abbildung $f: G \to R^n$ in jedem abgeschlossenen Würfel Q im Gebiet G Muckenhoupts A_p-Bedingung. Das Resultat von O. Martio in [23] bedeutet sogar, dass die Ungleichung aus Satz 1 lokal auch für quasireguläre Abbildungen gilt. In Anbetracht des Satzes III.7 lässt sich also lokal für die Jacobi-Determinante dieser Abbildungen Muckenhoupts A_p-Bedingung verifizieren.

C DIE INVARIANZ DES RAUMES BMO

SATZ 3 [32]

> Ist $f: R^n \to R^n$ eine K-quasikonforme Abbildung, so ist die transponierte Abbildung $f^*: u' \to u = u' \circ f$ ein bijektiver Isomorphismus von BMO. Es gilt:
>
> $C^{-1}\, \|u\|_* \leq \|u'\|_* \leq C\, \|u\|_*$
>
> für eine Konstante $C = C(n, K)$ und für alle $u \in$ BMO.

Beweis siehe Anhang c.

SATZ 4 [32]

> $f: R^n \to R^n$ sei ein (orientierungserhaltender) Homöomorphismus von R^n auf sich, $f \in$ ACL und f sei f.ü. differenzierbar. Ist die transponierte Abbildung $f^*: u' \longrightarrow u = u' \circ f$ ein bijektiver Isomorphismus von BMO und gilt
>
> $\|u'\|_* \leq C\, \|u\|_*$
>
> für alle $u \in$ BMO, so ist f quasikonform.

Für den Beweis verweisen wir auf die Literatur [32]. Wir versuchen jedoch hier, die prinzipiellen Ueberlegungen zu erläutern. Der Beweis stützt sich auf die im Kapitel I konstruierte Funktion $\log^+ \frac{1}{|x|}\, g(y)$

Man definiert $v \in BMO$ durch

$$v(x) = v(x_1, \dots x_n) = \log^+ \frac{1}{|x_1|} \; h(x_2) \dots h(x_{n-1})\; g(x_n)$$

mit

$$h(t) = \begin{cases} 1 & |t| \leqslant 1 \\ 2 - |t| & 1 \leqslant |t| \leqslant 2 \\ 0 & 2 \leqslant |t| \end{cases}$$

und

$$g(t) = \begin{cases} 1 - |t - 1| & 0 \leqslant t \leqslant 2 \\ 0 & 2 \leqslant t \\ -g(t) & t \leqslant 0 \end{cases}$$

Wird nun angenommen, dass f im Nullpunkt differenzierbar ist, dass $f(0) = 0$ und dass die Jacobimatrix die Form

$$F = \begin{pmatrix} \lambda_1 & & 0 \\ & \ddots & \\ 0 & & \lambda_n \end{pmatrix} \qquad \lambda_1 \geqslant \lambda \dots \geqslant \lambda_n > 0$$

besitzt, so wird $v_r(x) = v\,(\frac{x}{r})$ in erster Näherung auf

$$v_r'(x') \cong \log^+ \frac{r\lambda_1}{|x_1'|} \;\; h\,(\frac{x_2'}{r\lambda_2}) \;\dots\; g\,(\frac{x_n'}{r\lambda_n})$$

abgebildet. Die Voraussetzung $\|v_r'\|_* \leqslant C\, \|v_r\|_* = C\, \|v\|_*$, angewandt auf das Quadrat $Q_r' = \{x' : \; |x_i'| \leqslant r\, \lambda_n\}$,

führt dann zur Bedingung

$$C\, \|v\|_* \geqslant \fint_{Q_r'} |v_r'(x') - v_{r\,Q_r'}'|\; dx' \cong \fint_{Q_r'} |v_r'(x')|\; dx'$$

$$\cong \frac{|U_r|}{|Q_r'|}\; \frac{1}{|U_r|} \int_{U_r} |v_r(x)|\; J_f(x)\; dx$$

mit $U_r = \{x: \; |x_i| \leqslant \frac{r\lambda_n}{\lambda_i}\}$. Der letzte Ausdruck verhält sich nun (unter gewissen zusätzlichen Bedingungen an das Verhalten von f im Nullpunkt) für den Grenzübergang $r \to 0$ wie

$$\frac{1}{|U_r|} \int_{U_r} |v_r(x)|\; dx = \frac{1}{2}\;\; (1 + \log \frac{\lambda_1}{\lambda_n}\,)\;.$$

Man beachte, dass $\lim_{r\to 0} \frac{|U_r|}{|Q_r'|} = J_f^{-1}(0)$. Daraus schliesst man auf die Beschränktheit von $\frac{\lambda_1}{\lambda_n}$ und damit auf die Quasikonformität der Abbildung f.

D INTERPOLATION

Für $0 < t < n$, $g \in L^p$, $p > 1$ bezeichnen wir mit $I_t\, g$ das Riesz-Potential der Ordnung t von g (siehe die Definition in Kapitel VI). Wir führen die Räume

$$V_t^p = \{f \in L^1_{loc}(R^n) : f = I_t\, g,\ g \in L^p(R^n)\}$$

ein. Die Norm von $L^p(R^n)$ lässt sich auf V_t^p übertragen:

$$\|f\|_{V_t^p} = \|g\|_{L^p}$$

falls $f = I_t\, g$. Auf Grund der formalen Identität

$$f = I_1\,\Big(\sum_{j=1}^{n} R_j\,\Big(\frac{\partial f}{\partial x_j}\Big)\Big)$$

lässt sich zeigen, dass V_1^p zum Banachraum

$$W = \{f \in L^1_{loc}(R^n) : \|f\|_W = \Big(\int_{R^n}\Big(\sum_{j=1}^{n}\Big|\frac{\partial f}{\partial x_j}\Big|^n\Big)^{p/n}\Big)^{1/p} < \infty\}/C$$

aequivalent ist ($n \geq 2$).

SATZ 5 (Ziemer [46]

Ist $f: R^n \to R^n$ eine K-quasikonforme Abbildung, so ist die transponierte Abbildung $f^*: u' \to u = u' \circ f$ ein bijektiver Isomorphismus von W. Es gilt

$$C^{-1}\,\|u\|_W \leq \|u'\|_W \leq C\,\|u\|_W$$

für eine Konstante $C = C(n, K)$ und für alle $u \in W$.

Für den Beweis verweisen wir auf die Literatur [46]. In Kapitel VI wird gezeigt (Satz VI.3) dass $V_t^{n/t} \subset BMO$ und es stellt sich die Frage, ob zwischen den Räumen V_1^n und BMO interpoliert werden kann.

SATZ 6 (Rychener [33])

Ist T ein linearer Operator auf BMO mit $\|Tu\|_* \leq C_0 \|u\|_*$ für alle $u \in$ BMO und $\|Tu\|_{V_1^n} \leq C_1 \|u\|_{V_1^n}$ für alle $u \in V_1^n$, so ist T auf $V_t^{n/t}$ beschränkt:

$$\|Tu\|_{V_t^{n/t}} \leq C \|u\|_{V_t^{n/t}}$$

für alle $u \in V_t^{n/t}$. C hängt von C_0, C_1 und n ab.

Für den Beweis verweisen wir auf die Originalarbeit [33].

KOROLLAR 1

$V_t^{n/t}$ ist für $0 < t \leq 1$ invariant unter quasikonformen Abbildungen $f: R^n \rightarrow R^n$.

KOROLLAR 2

Für $n \geq 2$, $0 < t \leq 1$ ist $V_t^{n/t}$ invariant unter Möbiustransformationen.

Nach Satz I.1. ist BMO invariant unter Möbiustransformationen. Zur Invarianz von W sei bemerkt, dass nach Fuglede [12] Funktionen $f \in W$ dadurch charakterisiert werden können, dass sie (nach Modifikation auf einer Nullmenge) auf allen Kurven mit Ausnahme eines Systems vom n-Modul 0 absolut stetig sind und ihre partiellen Ableitungen (die dann f.ü. existieren) in $L^n(R^n)$ sind. Wie eine Variablentransformation zeigt, sind die partiellen Ableitungen der transformierten Funktionen $f \circ S^{-1}$, $S(x) = \frac{x}{|x|^2}$, wieder in $L^n(R^n)$. Zudem sind die transformierten Funktionen auch wieder absolut stetig auf allen Kurven mit Ausnahme eines Systems vom n-Modul 0, denn das System der Kurven durch den Nullpunkt ist für $n \geq 2$ ein Ausnahmesystem.

ANHANG V

a) BEWEIS VON SATZ 1

Für den Beweis kann $Q = \{x: |x_i| \leq s \quad i = 1,\ldots n\}$ und $f(0) = 0$ angenommen werden. Der Ring R mit den Komponenten $C_0 = \{x: |x_i| \leq r$. $i = 1,\ldots n\}$ und $C_1 = R^n \setminus Q$ enthält den Kreisring

$R_0 = \{x: r\sqrt{n} < |x| < s\}$ (für $r\sqrt{n} < s$) und es gilt demzufolge

$$M(R) \leq M(R_0) = c_n \left(\log \frac{s}{r\sqrt{n}}\right)^{1-n}$$

Setze
$$r' = \sup_{x\in\partial C_0} |f(x)| = |f(x_0)|$$

$$s' = \inf_{x\in\partial C_1} |f(x)| = |f(x_1)|$$

$$t' = \sup_{x\in\partial C_1} |f(x)| = |f(x_2)|$$

für Punkte $x_0 \in \partial C_0$, x_1, $x_2 \in \partial C_1$.

Da f K-quasikonform ist, ist die inverse Abbildung K^{n-1}-quasikonform, und es gilt also

$$M(R') \leq K^{n-1} M(R)$$

Weil nun der Ring $R' = fR$ die Punkte 0 und $f(x_0)$ von den Punkten $f(x_1)$ und ∞ trennt, besteht für $M(R')$ die Abschätzung

$$M(R') \geq M(R_T(\tfrac{s'}{r'})) \geq c_n \left[\log \left(\lambda^2 \left(\tfrac{s'}{r'} + 1\right)\right)\right]^{1-n} .$$

Aus diesen Ungleichungen folgt

$$\log \frac{s}{r\sqrt{n}} \leq \log \left[\lambda^2 \left(\frac{s'}{r'} + 1\right)\right]^K .$$

Wird r so gewählt, dass $\frac{s}{r\sqrt{n}} = (3\lambda^2)^K$, so muss $\frac{s'}{r'} + 1 \geq 3$ und daher $s' \geq 2r'$ sein.

Wir setzen $x = (x_1,\ldots x_{n-1}, x_n) = (\bar{x}, x_n)$ und

$P = \partial C_1 \cap \{x = (\bar{x}, r)\}$. Ist $\gamma(\bar{x})$ die Verbindungsgerade von $(\bar{x},r)$ nach $(\bar{x},s)$ so gilt

$$\int_Q J_f^{1/n}\, dx \geq \int_P d\bar{x} \int_{\gamma(\bar{x})} J_f^{1/n}(x)\, dx_n \ .$$

Da f für fast alle $\bar{x} \in P$ auf $\gamma(\bar{x})$ absolut stetig ist, existiert ein $\bar{x} \in P$ mit

$$\int_{\gamma(\bar{x})} J_f^{1/n}(x)\, dx_n \leq \frac{1}{\int_P d\bar{x}} \int_Q J_f^{1/n}(x)\, dx$$

und derart, dass f auf $\gamma(\bar{x})$ absolut stetig ist.

Da $(\bar{x},r) \in \partial C_1$ und $(\bar{x},s) \in \partial C_2$ folgt

$$s' = 2s' - s' \leq 2s' - 2r' \leq 2\,|f(\bar{x},r) - f(\bar{x},s)|$$

$$\leq 2 \int_{\gamma(\bar{x})} \left|\frac{\partial f}{\partial x_n}\right| dx_n \leq 2\, K^{1/n} \int_{\gamma(\bar{x})} J_f^{1/n}(x)\, dx_n \ ,$$

denn wegen der Quasikonformität gilt für die Richtungsableitung $\frac{\partial f}{\partial x_n}$ gemäss 2) die Beziehung

$$\left|\frac{\partial f}{\partial x_n}\right|^n \leq K\, J_f(x) \ .$$

Ist nun $t' > s'$ $(t' = \sup_{x \in \partial C_1} |f(x)| = |f(x_2)|)$, so trennt das Urbild R_1 des Ringes $R_1' = \{x : s' < |x| < t'\}$ die Punkte 0 und x_1 von den Punkten x_2 und ∞ $(x_1, x_2 \in \partial C_1)$. Aus der Ungleichung

$$c_n K \left(\log \frac{t'}{s'}\right)^{1-n} = KM(R_1') \geq M(R_1) \geq M\left(R_T\left(\frac{|x_2|}{|x_1|}\right)\right)$$

$$\geq M(R_T(\sqrt{n})) \geq c_n\, [\log(\lambda^2(\sqrt{n}+1))]^{1-n}$$

folgt dann die Existenz einer Konstanten c' so dass

$$t' \leq c'\, s' \ .$$

Es ist nun

$$|fQ| \leq c''\, t'^n \leq c'''\, s'^n \leq c'''\, 2^n K \left(\int_{\gamma(\bar{x})} J_f^{1/n}(x)\, dx_n\right)^n$$

$$\leq c'''2^n K \left(\frac{1}{(2r)^{n-1}} \int_Q J_f^{1/n}(x)\, dx\right)^n$$

$$\leq c'''2^n K \left(\left(\frac{s}{r}\right)^{n-1} 2s\, \frac{1}{(2s)^n} \int_Q J_f^{1/n}(x)\, dx\right)^n$$

$$\leq b\, (2s)^n \left(⨍_Q J_f^{1/n}(x)\, dx\right)^n$$

(Die Konstanten c'', c''', b sind von n und K abhängig). Aus der absoluten Stetigkeit von f bezüglich dem n-dim Lebesgue Mass folgt daraus

$$\fint_Q J_f(x)\,dx = \frac{|fQ|}{|Q|} \leqslant b\ \left(\fint_Q J_f^{1/n}(x)\,dx\right)^n .$$

b) BEWEIS VON SATZ 2

Zu jedem Würfel $Q \subset R^n$ existiert ein Würfel $P' \subset R^n$ mit $Q \subset P = f^{-1}P'$ und $|P| \leqslant k_0 |Q|$. Die Konstante k_0 hängt dabei nur von K und n ab. Für den Beweis dieser Aussage kann angenommen werden, dass $f(0) = 0$ und dass Q im Nullpunkt zentriert ist. Wir betrachten den Ring

$R = \{x: \frac{\text{dia}\ Q}{2} = r < |x| < s\}$ und setzen

$$s' = \inf_{|x| = s} |f(x)|$$

$$r' = \sup_{|x| = r} |f(x)|$$

Es existieren also Punkte x_0' und x_1' mit $|x_0'| = r'$ und $|x_1'| = s'$, so dass der Ring $R' = fR$ das Punktepaar 0 und x_0' vom Punktepaar x_1' und ∞ trennt. Es gilt also

$$K^{n-1} c_n \left[\log \frac{s}{r}\right]^{1-n} = K^{n-1} M(R) \geqslant M(R')$$

$$\geqslant M\left(R_T\left(\frac{s'}{r'}\right)\right) \geqslant c_n \left[\log\left(\lambda^2 \left(\frac{s'}{r'} + 1\right)\right)\right]^{1-n}$$

und daher

$$\log \frac{s}{r} \leqslant K \log\left(\lambda^2\left(\frac{s'}{r'} + 1\right)\right) .$$

Es folgt, dass $\frac{s}{r} \geqslant \sqrt{n}$ falls $\frac{s'}{r'} = [\lambda^2(\sqrt{n} + 1)]^K = k'$

gewählt wird. Nach Konstruktion ist dann

$$Q' = fQ \subset P' = \{x' : |x_i'| \leqslant r', \quad i = 1, \ldots n\}$$

und

$$P = f^{-1}P' \subset \{x: |x| \leqslant s = k'r\} .$$

Damit erfüllt P' auch die Bedingung $|P| \leqslant (k'\sqrt{n})^n\ |Q|$.

Die zu einer K-quasikonformen Abbildung f inverse Abbildung f^{-1} ist K^{n-1}-quasikonform. Ihre Jacobideterminante $J_{f^{-1}} = J_f^{-1} \circ f^{-1}$ erfüllt nach dem Korollar zum Satz 1 für $q \in [1, 1 + c(K^{n-1}))$ und für alle Würfel $P' \subset R^n$ die Ungleichung

$$\left(\fint_{P'} J_f^{-q}(x')\, dx' \right)^{1/q} \leq c_0 \fint_{P'} J_f^{-1}(x')\, dx'$$

mit den Konstanten

$$c_0 = \left(\frac{c(K^{n-1})}{-q+1+c(K^{n-1})} \right)^{1/q} .$$

Nach einer Variablentransformation kann diese Ungleichung in der Form

$$\left(\frac{1}{|P'|} \int_P J^{-q+1}\, dx \right)^{1/q} \leq c_0 \frac{|P|}{|P'|}$$

beziehungsweise

$$\left(\int_P J^{1-q}\, dx \right)^{1/q} \leq c_0 |P| \left(\int_P J\, dx \right)^{1/q-1}$$

geschrieben werden. Wird nun zu vorgegebenem Würfel Q der Würfel P' so gewählt, dass $Q \subset P = f^{-1} P'$ und $|P| \leq k_0 |Q|$, so folgt aus dieser Ungleichung

$$\int_Q J^{1-q}\, dx \leq \int_P J^{1-q}\, dx \leq (c_0 k_0)^q |Q|^q \left(\int_Q J\, dx \right)^{1-q}$$

und damit

$$\fint_Q J^{1-q}\, dx \leq (c_0 k_0)^q \left(\fint_Q J\, dx \right)^{1-q} .$$

Ist p der zu q konjugierte Index, $p^{-1} + q^{-1} = 1$, so gilt also

$$\left(\fint_Q J^{-1/(p-1)}\, dx \right)^{-(p-1)} \geq (c_0 k_0)^{-p} \fint_Q J\, dx ,$$

falls $0 < q-1 = \frac{1}{p-1} < c\ (K^{n-1})$.

c) BEWEIS VON SATZ 3

Da mit f auch f^{-1} quasikonform ist, genügt es die Ungleichung $\|u\|_* \leq C\, \|u'\|_*$ zu beweisen.

Ist $u' \in BMO$ und $Q \subset R^n$ ein Würfel, so kann wie im Beweis von Satz 2 ein Würfel $P' \subset R^n$ gefunden werden so, dass

$Q \subset P = f^{-1} P'$ und $|P| \leqslant k_0 |Q|$.

Die Menge $A_\sigma' = \{x' \in P' : |u'(x') - u'_{P'}| > \sigma\}$ ist das Bild der Menge $A_\sigma = \{x \in P : |u(x) - u'_{P'}| > \sigma\}$. Nach Korollar 2 zum Satz 1, angewandt auf die inverse Abbildung, gilt:

$$\frac{|A|}{|P|} \leqslant c_0 \left(\frac{|A'|}{|P'|}\right)^{1/p}$$

Da zudem

$$|A_\sigma'| \leqslant A\, e^{\frac{-\alpha\sigma}{\|u'\|_*}} |P'| ,$$

(Lemma von John-Nirenberg) erhält man

$$\frac{|A_\sigma|}{|P|} \leqslant c_0 A^{1/p} \exp\left(-\frac{\alpha\sigma}{p\|u'\|_*}\right)$$

und damit

$$\frac{1}{|P|}\int_P |u(x) - u'_{P'}|\, d^n x = \frac{1}{|P|}\int_0^\infty |A_\sigma|\, d\sigma$$
$$\leqslant c_0 A^{1/p}\, p\, \alpha^{-1} \|u'\|_* .$$

Zusammen mit den Ungleichungen $|P| \leqslant k_0 |Q|$ und $\fint_Q |u(x) - u_Q|\, d^n x \leqslant 2 \fint_Q |u(x) - u'_{P'}|\, d^n x$ folgt daraus

$$\fint_Q |u(x) - u_Q|\, d^n x \leqslant 2\, k_0 c_0 A^{1/p}\, p\, \alpha^{-1} \|u'\|_* .$$

VI. RIESZ-POTENTIALE VON BMO-FUNKTIONEN

A. EINFUEHRUNG

Riesz-Potentiale der Ordnung z, $0 < \mathrm{Re}(z) < n$, sind Potentiale bezüglich des Kerns

$$k_z(x) = \frac{1}{\gamma(z)} |x|^{z-n}, \quad \gamma(z) = \pi^{n/2} 2^z \, \Gamma(z/2) \, \Gamma((n-z)/2)^{-1} .$$

Es ist klar, dass für ein beliebiges Borelmass μ auf R^n ($\mu(R^n) = \infty$ insbesondere) das Rieszsche Potential

$$I_z \, \mu(x) = \int_{R^n} \frac{1}{\gamma(z)} \, \frac{d\,\mu(y)}{|x-y|^{n-z}}$$

nicht zu existieren braucht, wenn nicht die folgende, notwendige und hinreichende, Bedingung für μ erfüllt ist:

$$\int_{|x|\geq 1} \frac{d\,\mu(x)}{|x|^{n-\mathrm{Re}\, z}} < \infty \quad .$$

Dies ist für Masse der Form $d\mu(x) = f(x)\,dx$ mit $f \in L^p(R^n)$, $1 \leq p < \infty$ der Fall, nicht aber für $p = \infty$, geschweige für $f \in \mathrm{BMO}$. Dieser Schwierigkeit wird gewöhnlich durch Einführung des Besselschen Kernes $g_z(x)$, $0 < \mathrm{Re}\, z < n+1$, begegnet: g_z ist integrierbar, und es gilt

$$\hat{g}_z(x) = (1 + 4\pi^2 |x|^2)^{-z/2} .$$

g_z besitzt lokal ähnliche Eigenschaften wie k_z, wie auch aus der Beziehung

$$\hat{k}_z(x) = (2\pi|x|)^{-z}$$

ersichtlich wird ($\hat{k}_z$ ist die Fouriertransformierte der Distribution k_z, $0 < \mathrm{Re}\, z < n$). Allerdings gehen gewisse Eigenschaften von k_z verloren. So z.B. tritt an die Stelle der für C^∞-Funktionen φ mit kompaktem Träger besonders einfachen Beziehung

$$k_2 * \Delta\varphi = -\varphi$$

die etwas umständliche Formel

$$g_2 * (\Delta\varphi - \varphi) = \varphi \quad ,$$

k_z ist also Δ besser angepasst als g_z. Ausserdem gilt für $f \in L^p$ $(1 \leq p \leq \infty)$

$$J_z f = g_z * f \in L^p \ , \quad 0 < \operatorname{Re} z < n+1,$$

eine Abbildungseigenschaft, die für das Riesz-Potential nicht mehr gültig ist; dies ist aber nur scheinbar ein Vorteil, denn es werden zum vorneherein gewisse unbeschränkte Funktionen (z.B. die hölderstetigen Funktionen zu einem bestimmten Index) a priori ausgeschlossen; durch Verwendung des Rieszschen Kernes können wir dies verhindern, wenn wir die Definition des Rieszschen Potentiales $I_z f$ einer Funktion f in der weiter unten angegebenen Weise modifizieren und die folgende Definition der α-hölderstetigen Funktionen $(\alpha > 0)$ verwenden:

es sei k die auf α folgende ganze Zahl $> \alpha$, und für $h \in R^n$ ist

$t_h f(x) = f(x+h)$, sowie

$$\Delta_h^k f(x) = (t_h - 1)^k f(x)$$

die k-te Differenz von f . f ist α-hölderstetig, wenn f stetig ist und der Ausdruck

$$\|f\|_{\Lambda_\alpha} = \sup_{h \neq 0} \frac{\|\Delta_h^k f\|_\infty}{|h|^\alpha}$$

endlich ausfällt. Den so entstehenden Funktionenraum modulo den Raum der auf R^n definierten Polynome mit Grad höchstens = α bezeichenen wir mit Λ_α. Jede globale Beschränktheitsbedingung wird weggelassen (siehe die "Lipschitz-Räume" von Taibleson $\Lambda(\alpha, \infty, \infty)$, [42], [37]).

Unser Hauptergebnis besagt, dass das Riesz-Potential $I_z f$ einer Funktion von beschränkter mittlerer Oszillation für $0 < \operatorname{Re} z = \alpha$ eine α-hölderstetige Funktion ist, und dass diese Transformation beschränkt ist. Dieses Ergebnis ist bekannt für Besselsche Potentiale von BMO-Funktionen, sowie für die "Lipschitzräume" von Herz [16], in einer andern Gestalt auch von R. Johnson formuliert [22]. Die hier angewandte Methode basiert auf [40], und wir verwenden den Dualitätssatz von Fefferman.

Im folgenden werden auf R^n definierte Funktionen (komplexwertig) betrachtet, und mit A bezeichnen wir eine von Abschätzung zu Abschätzung "variable" Konstante. Für $x, y \in R^n$ ist $\langle x, y\rangle = \sum_{j=1}^{n} x_j y_j$, und für $f \in L^1(R^n)$ ist

$$\hat{f}(x) = \int_{R^n} f(t)\, e^{-2\pi i \langle x, t\rangle}\, d^n t$$

die Fouriertransformierte von f. Im übrigen halten wir uns an die Bezeichnungen von [37]. S_0 ist der Raum der C^∞-Funktionen φ mit $\hat{\varphi} \in \mathcal{D}$ und $0 \notin \operatorname{supp} \hat{\varphi}$. Für $1 < p < \infty$ ist S_0 dicht in $L^p(R^n)$; ausserdem ist S_0 dicht in H^1 bezüglich der H_1-Norm (siehe [37], S. 231). Unter einer S_0-Distribution verstehen wir eine stetige Linearform auf S_0, S_0 als Unterraum von S aufgefasst.

DEFINITION

Für $z \in C$ ist das Riesz-Potential $I_z\varphi$ einer Funktion $\varphi \in S_0$ durch

$$(I_z\varphi)^\wedge(x) = (2\pi|x|)^{-z}\, \hat{\varphi}(x)$$

definiert und das Riesz-Potential $I_z f$ einer S_0-Distribution f gemäss

$$\langle I_z f, \varphi\rangle = \langle f, I_z\varphi\rangle, \quad \varphi \in S_0 .$$

Bemerkungen

1. Für $0 < \operatorname{Re}(z) < n/p$ und $f \in L^p$ $(1 \leq p \leq \infty)$ besitzt $I_z f$ die Darstellung

$$I_z f(x) = 1/\gamma(z) \int_{R^n} f(y)/|x-y|^{n-z}\, dy .$$

Der einfache Beweis befindet sich im Anhang ').

2. Ist f eine temperierte Distribution, so lässt sich das Bessel-Potential $J_z f$ analog definieren:

$$\langle J_z f, \varphi\rangle = \langle f, J_z\varphi\rangle, \quad \varphi \in S ,$$

wobei $J_z\varphi$ definiert ist durch

') In der Tat gilt diese Darstellung sogar für den Bereich $0 < \operatorname{Re}(z) < n$, vgl. [37], S. 117

$$(J_z \varphi)^\wedge(x) = (1 + 4\pi^2 |x|^2)^{-z/2} \hat{\varphi}(x)$$

3. Es sei $\varphi \in S_0$ und $0 < \mathrm{Re}(z) < n$. Wir untersuchen das Verhalten von I_z für $z \to n$. Es ist wegen $\int \varphi(x)\, d^n x = 0$:

$$I_z \varphi(x) = \gamma(z)^{-1} \int_{R^n} \varphi(x-y) \, (|y|^{z-n} - 1)\, d^n y =$$

$$(z-n)\gamma(z)^{-1} \int_{R^n} \varphi(x-y)|y|^{\theta(z-n)} \log|y| \, d^n y \; , \; 0 < \theta < 1,$$

also folgt durch Grenzübergang $z \to n$:

$$\lim_{z\to n} I_z \varphi(x) = (\pi^{n/2} 2^{n-1} \Gamma(n/2))^{-1} \int_{R^n} \log(1/|y|)\varphi(x-y)\, d^n y \; ,$$

d.h. das logarithmische Potential von φ ist der Grenzwert des Rieszschen Potentials von φ an der Stelle $z = n$. Man beachte, dass $\varphi \in S_0$ eine wesentliche Voraussetzung ist, denn wäre nur $\varphi \in S$, so würde $\lim_{z\to n} I_z\varphi(x)$ i.a. nicht existieren.

Die Verwendung von S_0 im Zusammenhang mit I_z ist für das Analytizitätsverhalten von I_z von grosser Bedeutung; genauer:

HILFSSATZ 1

Für $z \in C$ und $\varphi \in S_0$ sei $k \in Z$, $k \geq 0$ mit $k + \mathrm{Re}(z) > 0$ und

$$D_k := \Big(\sum_{j=1}^{n} R_j \frac{\partial}{\partial x_j}\Big)^k .$$

Dann ist $I_z\varphi$ gegeben durch

$$I_z\varphi(x) = \frac{1}{\Gamma(k+z)} \int_0^\infty t^{-1+(k+z)} \, D_k\varphi(x,t)\, dt$$

mit $\varphi(x,t) = P_t * \varphi(x)$ und stellt bei festem x eine in C analytische Funktion von z dar.

Beweis

Sei zur Vereinfachung $k = 1$, $\mathrm{Re}(z) > -1$ (der Beweis des allgemeinen Falles verläuft analog). Wegen

$$(R_j D_k \varphi)^\wedge(x) = 2\pi \; x_j^2 |x|^{-1} \hat{\varphi}(x)$$

und der absoluten Konvergenz aller zur Diskussion stehenden Integrale folgt, dass die Fouriertransformierte der rechten Seite der behaupteten Gleichung übereinstimmt mit

$$1/\Gamma(k+z)\int_0^\infty t^z 2\pi \sum_{j=1}^n x_j^2 |x|^{-1} \hat{\varphi}(x) e^{-2\pi|x|t}\, dt = \ldots$$

(Wir legen $P_y(x)$ durch $P_y^\wedge(x) = e^{-2\pi|x|y}$ fest) $=$

$$1/\Gamma(k+z)\; 2\pi|x|\; \hat{\varphi}(x) \int_0^\infty t^z\, e^{-2\pi|x|t}\, dt = (2\pi|x|)^{-z}\, \hat{\varphi}(x),$$

woraus die Behauptung folgt.

B. RIESZ-POTENTIALE UND DIE HARDY-KLASSEN H^p

Wir treffen die folgenden Abmachungen: sind f, g temperierte Distributionen mit

$$\langle f - g, \varphi \rangle = 0$$

für alle $\varphi \in S_0$, so verschwindet $(f-g)^\wedge$ für jedes $\varphi \in \mathcal{S}$ mit $0 \notin \operatorname{supp}\varphi$, d.h. f-g ist Linearkombination des Diracmasses und gewisser seiner Ableitungen; mit andern Worten $(f-g)^\wedge$ ist ein Polynom. Temperierte Distributionen werden daher identifiziert, wenn sie sich durch Polynome unterscheiden und als S_0-Distributionen betrachtet werden. Im weiteren werden wir auf R_+^{n+1} definierte harmonische Funktionen u(x,y) und v(x,y) identifizieren, wenn für eine natürliche Zahl k

$$\partial^k u/\partial y^k = \partial^k v/\partial y^k \;, \quad (x,y) \in R_+^{n+1} .$$

DEFINITION (siehe [11])

Sei $0 < p \leq \infty$ und $k \in N$ so bestimmt, dass $p_k = (n-1)/(n+k-1) < p$. Eine auf R_+^{n+1} definierte harmonische Funktion u(x,y) gehört zur Hardy-Klasse H^p, wenn es ein System $u_{j_1 j_2 \ldots j_k}$, $0 \leq j_1, j_2, \ldots, j_k \leq n$ auf R_+^{n+1} definierter harmonischer Funktionen gibt, das die folgenden Bedingungen erfüllt:

1) $u_{000..0} = u$,

2) $u_{j_1 j_2 \ldots j_k}$ ist in allen Indizes symmetrisch,

3) $\sum_{j=1}^{n} u_{jjj_3 \ldots j_k} = 0$,

4) für feste $j_1, j_2, \ldots, j_{k-1}$ erfüllt $u_{j_1 j_2 j_3 \ldots j_k}$ die verallgemeinerten Cauchy-Riemannschen Differentialgleichungen, d.h. es gilt

$$\frac{\partial u_{j_1 j_2 \ldots j_{k-1} j}}{\partial x_i} = \frac{\partial u_{j_1 j_2 \ldots j_{k-1} i}}{\partial x_j} \quad , \; 0 \leq i,j \leq n$$

und

$$\sum_{j=0}^{n} \frac{\partial u_{j_1 j_2 \ldots j_{k-1} j}}{\partial x_j} = 0$$

(wir setzen immer $y = x_0$) ,

5) $\|u\|_{H^p} = (\int_{R^n} (\sum_{j_1, \ldots, j_k} |u_{j_1 j_2 \ldots j_k}(x,y)|^2)^{p/2} d^n x)^{1/p}$.

Insbesondere werden diese Bedingungen von den harmonischen Funktionen der Form $\varphi(x,y) = P_y * \varphi(x)$, $\varphi \in S_0$, erfüllt, und zwar bei beliebigem $0 < p < \infty$. Die Formulierung mit Hilfe von Systemen harmonischer Funktionen geht auf Stein und Weiss zurück. Die Abhängigkeit von k ist nur scheinbar, denn es gilt der folgende

SATZ (Fefferman-Stein [11])

Die auf R_+^{n+1} definierte harmonische Funktion $u(x,y)$ ist genau dann in H^p, wenn die "radiale Maximalfunktion"

$$u_*(x) = \sup_{y>0} |u(x,y)|$$

zu L^p gehört, und es gilt dann

$$A_1 \|u\|_{H^p} \leq \|u_*\|_p \leq A_2 \|u\|_{H^p} .$$

Für den Beweis vgl. [11], S. 169, 170. Der folgende Hilfssatz gibt eine wichtige Klasse von H^p-Funktionen an:

HILFSSATZ 2

Es sei $0 < p \leq 1$ und k eine ganze Zahl $> \alpha = n\,(\frac{1}{p} - 1)$.
Dann ist für festes $y > 0$ die Funktion

$$Q_y^k\ (x,t) = \frac{\partial^k P_{y+t}(x)}{\partial t^k}$$

in H^p, und es gilt $\|Q_y^k\|_{H^p} \approx Ay^{-k+\alpha}$.

Zum Beweis wählen wir das System

$$u_{j_1 j_2 \ldots j_k}(x,t) = R_{j_1} R_{j_2} \ldots R_{j_k} * Q_y^k\ (x,t) ,$$

und wir erhalten aus $R_j * Q_y^1 = \frac{\partial P_{y+t}}{\partial x_j}$:

$$u_{j_1 j_2 \ldots j_k}(x,t) = \frac{\partial^k Q_y^0\ (x,t)}{\partial x_{j_1} \partial x_{j_2} \ldots \partial x_{j_k}} .$$

Die Behauptung folgt jetzt aus $\|u_{j_1 j_2 \ldots j_k}\|_p = Ay^{-k+\alpha}$.

Um komplizierte Bezeichnungen zu vermeiden, schreiben wir, nicht ganz korrekt, für $Q_y^k\ (x,t)$ kurz

$$\frac{\partial^k P_y}{\partial y^k} , \text{ also } \left\| \frac{\partial^k P_y}{\partial y^k} \right\|_{H^p} \approx Ay^{-k+\alpha}.$$

Ist $\varphi \in S_0$, so liegt $P_y * \varphi(x) = \varphi(x,y)$ in jedem H^p. Wir identifizieren daher φ mit $\varphi(.,y)$, und es gilt wegen Hilfssatz 1

$$I_z\varphi(x) = \frac{1}{\Gamma(z)} \int_0^\infty t^{-1+z}\ \varphi(x,t)\ dt \quad , \ 0 < \text{Re } z < \infty.$$

Es gilt noch mehr: ist $u(x,y) \; H^p$, $0 < \mathrm{Re}(z) < n/p$, so existiert auch

$$v(x,y) = 1/\Gamma(z) \int_0^\infty t^{-1+z} \, u(x,y+t) \, dt \; ,$$

und es ist

$$\|v(x,y)\|_\infty \leq A \, \|u\|_{H^p} \, y^{-n/p+\alpha} \; , \; \alpha = \mathrm{Re}(z) \; .$$

Wir haben somit eine Darstellung von $I_z u$ im angegebenen Bereich für z gefunden. Zum Beweis folgen wir dem Muster von [38] :

Zunächst sei $u_{j_1 j_2 \dots j_k}$ ein System mit den für H^p notwendigen Bedingungen, und wir setzen

$$s(x,y) = \Big(\sum_{j_1,\dots,j_k} |u_{j_1 j_2 \dots j_k}(x,y)|^2 \Big)^{p_k/2} \; .$$

Bekanntlich ist $s(x,y)$ in R_+^{n+1} subharmonisch (siehe [38]), und es folgt aus $u(x,y) \; H^p$:

$$\sup_{y>0} \int_{R^n} s(x,y)^{p/p_k} \, d^n x = \sup_{y>0} \int_{R^n} \Big(\sum |u_{j_1 j_2 \dots j_k}(x,y)|^2 \Big)^{p/2} d^n x$$
$$= \|u\|_{H^p}^p \; .$$

Wegen $p/p_k > 1$ besitzt $s(x,y)$ eine kleinste harmonische Majorante $g(x,y)$, und für diese ist (siehe [39] , S. 80)

$$\|g(\cdot,y)\|_{p/p_k} \leq \|u\|_{H^p} < \infty \; ,$$

also ist $g(x,y)$ Poissonintegral einer eindeutig bestimmten Funktion g aus L^{p/p_k} , und man erhält

$$\|s(\cdot,y)\|_\infty \leq \|g(\cdot,y)\|_\infty \leq A \, \|u\|_{H^p} \, y^{-np_k/p} \; ,$$

und hieraus

$$|u(x,y+t)| \leq \Big(\sum_{j_1,\dots,j_k} |u_{j_1 j_2 \dots j_k}(x,y+t)|^2 \Big)^{1/2} = s(x,y+t)^{1/pk}$$
$$\leq A \, \|u\|_{H^p} \, (y+t)^{-n/p} \; ,$$

somit gilt für $\mathrm{Re}(z) = \alpha$ die Abschätzung

$$|v(x,y)| \leq A \, \|u\|_{H^p} \int_0^\infty t^{-1+\alpha} (y+t)^{-n/p} \, dt \; ,$$

und dieses Integral konvergiert für $\alpha < n/p$; insbesondere erhalten wir hieraus die Abschätzung

$$\|v(.,y)\|_\infty \leq A \|u\|_{H^p} y^{-n/p+\alpha} .$$

Diese Abschätzung gilt auch noch für $z = iv$, $v \in R$. k_{iv} ist als singulärer Kern $\frac{1}{\gamma(iv)} |x|^{-n+iv}$ zu verstehen und $k_0 = \delta$ zu setzen.

Wir können nun die Wirkung von I_z auf den H^p-Klassen abklären. Für $p > \frac{n-1}{n}$ ist dies bekannt (siehe [38], S. 60). Die Erweiterung auf den Bereich $0 < p < \frac{n-1}{n}$ macht jedoch Gebrauch von dem in diesem Abschnitt zitierten Satz, dass H^p nicht vom gewählten k abhängt (dies entfällt für $\frac{n-1}{n} < p$, da man sich dort auf Systeme von n+1 Funktionen beschränken kann).

SATZ 1

Seien $0 < p < \infty$, $0 < \alpha = Re(z) < \frac{n}{p}$. Ist q durch $\frac{1}{q} = \frac{1}{p} - \frac{\alpha}{n}$ bestimmt und $u \in H^p$, so folgt $I_z u = v \in H^q$ und

$$\|v\|_{H^q} \leq A_z \|u\|_{H^p}$$

mit einer von u unabhängigen Konstanten A_z.

Der Beweis befindet sich im Anhang. Wir bemerken an dieser Stelle, dass es genügt hätte, die obige Abschätzung für $I_z\varphi$, $\varphi \in S_0$ zu geben und dann stetig auf H^p fortzusetzen und so einen möglichen Zugang zu $I_z u$, $u \in H^p$ zu erhalten. Dank der oben angegebenen Darstellung von $I_z u = v$ erhalten wir also eine etwas stärkere Aussage.

FOLGERUNG

Sei $f \in H^1$, d.h. $u = P_y * f \in H^1$. Dann folgt $|x|^{-n/2} \hat{f} \in L^2$, und es gilt

$$\| |x|^{-n/2} \hat{f} \|_2 \leq A_n \|f\|_{H^1} .$$

Beweis

Aus $f \in H^1$ und dem soeben aufgestellten Satz folgt wegen

$\frac{1}{2} = 1 - \frac{n/2}{n}$:

$$\| I_{n/2} f \|_2 = A_n \| |x|^{-n/2} \hat{f} \|_2 \leq A_n \| f \|_{H^1} .$$

C. RIESZ - POTENTIALE VON BMO-FUNKTIONEN

Für $f \in \mathrm{BMO}$ und beliebiges $z \in C$ haben wir $I_z f$ im Sinne der eingangs gegebenen Definition festgelegt. Es ist klar, dass für $f \in \mathrm{BMO}$ mit kompaktem Träger und $0 < \mathrm{Re}(z) < n$ die folgende Darstellung gilt:

$$I_z f(x) = \frac{1}{\gamma(z)} \int_{R^n} \frac{f(y)}{|x-y|^{n-\alpha}} \, dy .$$

Im folgenden wird gezeigt, dass $I_z f$ hölderstetig ist mit Index $\mathrm{Re}(z)$, sofern $\mathrm{Re}(z) > 0$. Wir brauchen hierzu eine Charakterisierung von Λ_α, $\alpha > 0$, mittels harmonischer Fortsetzung. Die Schwierigkeit besteht darin, dass für $\alpha \geq 1$ das Poissonintegral einer α-hölderstetigen Funktion nicht mehr zu existieren braucht, denn unsere Definition der α-Hölderstetigkeit setzt die Beschränktheit der Funktionen nicht voraus (vgl. [42]). In Analogie zu [37], S. 142 gilt der folgende

HILFSSATZ 2

Sei $\alpha > 0$, k die kleinste ganze Zahl $> \alpha$ und $x_0 = y$. Ist u eine in R^{n+1}_+ harmonische Funktion, für die die Ausdrücke

$$\sup_{y>0} \; y^{k-\alpha} \left\| \frac{\partial^k u(.,y)}{\partial x_{j_1} \partial x_{j_2} \cdots \partial x_{j_k}} \right\|_\infty = M_{j_1 j_2 \ldots j_k}$$

endlich ausfallen, so existiert genau ein $f \in \Lambda_\alpha$ mit

$$\frac{\partial^{k-1} u(x,y)}{\partial y^{k-1}} = \frac{\partial^{k-1} P_y}{\partial y^{k-1}} \, f(x) \quad ,$$

und es ist

$$\| f \|_{\Lambda_\alpha} \leq A \max \{ M_{j_1 j_2 \ldots j_k} : o < j_1, j_2, \ldots, j_k < n \}$$

mit einer von f unabhängigen Konstanten A.

Der Beweis ist im Anhang durchgeführt. Wir bemerken an dieser Stelle, dass sich die Existenz der Faltung

$$\frac{\partial^{k-1} P_y}{\partial y^{k-1}} * f$$

aus dem Beweis ergeben wird. Das Hauptergebnis ist der folgende

SATZ 2

Es seien $f \in BMO$ und $\alpha = Re(z) > 0$. Dann gibt es genau eine Funktion $g \in \Lambda_\alpha$, sodass gilt

$$\langle I_z f, \varphi \rangle = \langle g, \varphi \rangle$$

für alle $\varphi \in S_0$, und es ist $\|I_z f\|_{\Lambda_\alpha} \leq A \|f\|_*$, mit anderen Worten: das Riesz-Potential $I_z f$ einer BMO-Funktion f ist eine α - hölderstetige Funktion.

Beweis: siehe Anhang

Aus Satz 2 folgt der

SATZ 3

Sei $0 < p < \infty$, $Re(z) > 0$, $\alpha = Re(z)$. Dann gelten die Ungleichungen:

1) $\|I_z f\|_{H^p} \leq A \|f\|_{H^p}$, $1/p - \alpha/n = 1/q > 0$

2) $\|I_z f\|_* \leq A \|f\|_{H^p}$, $1/p - \alpha/n = 0$

3) $\|I_z f\|_{\Lambda_\sigma} \leq A \|f\|_{H^p}$, $1/p - \alpha/n = -\sigma/n < 0$

Beweis

Es genügt, Satz 3 für $f \in S_0$ zu beweisen. 1) folgt aus Satz 1. Der Fall 2) ist eine Folge der Dualität von H^1 und BMO: sei $\varphi \in S_0$, dann gilt für $p > 1$ und $p' = p/(p-1)$:

$$|\langle I_z f, \varphi \rangle| = |\langle f, I_z \varphi \rangle| \leq \|f\|_{H^p} \|I_z \varphi\|_{H^{p'}} \leq A \|f\|_{H^p} \|\varphi\|_{H^1},$$

das heisst

$$\|I_z f\|_* \leq A \|f\|_{H^p}.$$

Ist $p \leq 1$, so wende man zuerst 1), dann das soeben Bewiesene an. Ebenso wird 3) durch Anwendung von 2) und Satz 2 bewiesen.

Bemerkung

Im letzten Abschnitt D gehen wir noch näher auf den Fall 2) ein. Es lässt sich nämlich hier mehr beweisen, wie Trudinger, Moser und Adams und Bagby bewiesen haben (siehe [43], [26], [1]). Das Resultat 2) geht zurück auf Stampacchia [35], wenn $p > 1$.

Bemerkungen

1. Sei f eine auf R^n definierte Funktion mit kompaktem Träger, und es gelte für die Massverteilungsfunktion

   $\lambda(s) = |\{x \in R^n : |f(x)| > s\}|$:

   $$\lambda(s) \leq A\, s^{-p} \quad , \quad 1 < p < \infty.$$

   Dann folgt für $z = n/p$: $I_{n/p} f$ ist von beschränkter mittlerer Oszillation und

   $$\|I_{n/p} f\|_* \leq \sup_{s>0} (s\lambda^{1/p}(s))\, A \quad .$$

   (siehe Stein, Zygmund [40])

2. Wie in Bemerkung A.3 zeigt man:

   $$\lim_{z \to n} \gamma(z)^{-1} \int_{R^n} \varphi(x)|x|^{z-n}\, d^n x = A(n) \int_{R^n} \log(1/|x|)\varphi(x)\, d^n x,$$

   mit $A(n) = (\pi^{n/2}\, 2^{n-1}\Gamma(n/2))^{-1}$ und $\varphi \in S_0$.
   Gestützt auf diese Beziehung berechnet man leicht das Riesz-Potential von $\log(1/|x|)$ für $\mathrm{Re}(z) > 0$: Es ist für $\varphi \in S_0$:

   $$\langle A(n)\, I_z \log(1/|x|), \varphi\rangle = \langle A(n)\, \log(1/|x|), I_z\varphi\rangle =$$

   $$= \lim_{w \to n} \langle I_w, I_z\varphi\rangle = \langle I_{z+w}, \varphi\rangle \quad ,$$

   und es folgt $I_z \log(1/|x|) = A(n)\,\gamma(z+n)^{-1}|x|^z$.

also eine Re(z)-hölderstetige Funktion.

3. Wir geben noch eine Eigenschaft von H^p-Funktionen an für den Fall $0 < p < 1$. Nach Satz 3, 2) ist für $u \in H^p$ das Riesz-Potential $I_z u$, $Re(z) = n/p$ in BMO. Diese Aussage lässt sich verschärfen, wenn wir die "Lipschitzräume" von Herz (siehe [16], [22]) $\Lambda^{\alpha}_{a,b}$, $1 < a,b < \infty$, $\alpha \in R$, verwenden. Für $\varphi \in S_0$ sei $\varphi(x,y)$ das Poissonintegral von φ und

$$\Lambda^{\alpha}_{a,b}(\varphi) = \left(\int_0^{\infty} (y^{k-\alpha} \| \varphi(\cdot,y)\|_a)^b y^{-1} dy\right)^{1/b},$$

k die kleinste ganze Zahl $> \alpha$. $\Lambda^{\alpha}_{a,b}$ ist die Vervollständigung von S_0 in S_0'. Es ist nicht schwierig zu zeigen, dass I_z ein Isomorphismus von $\Lambda^{\alpha}_{a,b}$ auf $\Lambda^{\alpha+Re(z)}_{a,b}$ ist (siehe [22]); ausserdem gilt für beliebige σ:

$$\Lambda^{\sigma}_{1,1} \subset \Lambda^{\sigma-n/2}_{2,1} \qquad \text{(siehe [16])}.$$

In [11], S. 176 ist bewiesen, dass für $0 < p < 1$ und $\alpha = n(1/p-1)$ gilt $H^p \subset \Lambda^{-\alpha}_{1,1}$, also folgt für $Re(z) = n/p$:

$$I_z : H^p \to \Lambda^{n/2}_{2,1} \cap BMO, \quad \Lambda^{n/2}_{2,1}(I_z u) \leq A \| u \|_{H^p}.$$

Hieraus lässt sich eine Aussage über die Fouriertransformierte von H^p-Funktionen machen. Es sei hierzu $\varphi \in S_0$ (beachte die Identifikation von φ mit $\varphi(x,y)$ im Anschluss an Hilfssatz B), dann ist also $I_{n/p}\varphi \in \Lambda^{n/2}_{2,1}$ und $\Lambda^{n/2}_{2,1}(\varphi) \leq A \|\varphi\|_{H^p}$. Weiter folgt aus der n-dimensionalen Version des Satzes von Bernstein (siehe [16])

$$f \in \Lambda^{n/2}_{2,1} \Longrightarrow \hat{f} \in L^1, \quad \|\hat{f}\|_1 \leq A \, \Lambda^{n/2}_{2,1}(f),$$

also erhalten wir insgesamt:

$$|x|^{-n/p} \hat{\varphi} \in L^1, \quad \| |x|^{-n/p} \hat{\varphi} \|_1 \leq A \| \varphi \|_{H^p}.$$

Diese Abschätzung gilt jetzt für beliebige f mit $P_y * f \in H^p$.

4. Ohne Beweis geben wir das folgende Interpolationsergebnis an (siehe Kapitel V, Satz 6 und [33]). Sei $k \in Z$, $k > 0$ und $1 < p < \infty$. V_k^p besteht aus allen lokalintegrierbaren Funktionen f, deren Ableitungen k-ter Ordnung in L^p liegen. Weiter sei für $\alpha > 0$ V_α^p der Raum der lokalintegrierbaren Funktionen f mit $f = I_\alpha g$, $g \in L^p$ ($0 < \alpha < n$ vorausgesetzt). V_α^p ist mit der Norm $\|f\|_{V_\alpha^p} = \|g\|_p$ ein Banachraum. Ist $[\quad]_\tau$ die komplexe Methode der Interpolation, so gilt

$$[BMO, V_k^p]_\tau = V_t^q , \quad 1/q = \tau/p, \ t = \tau k .$$

D. ORLICZ-RAEUME

Wir haben im Anschluss an Satz 3 darauf hingewiesen, dass sich Satz 3, 2) verschärfen lässt. Zu diesem Zweck erinnern wir an die für BMO-Funktionen charakteristische Eigenschaft aus Kapitel II:

Ist $f \in BMO$ und Q ein beliebiger achsenparalleler Würfel, so gilt

$$\int_Q \left(e^{\frac{a}{\|f\|_*}|f(x)-f_Q|} - 1\right) d^n x \leqslant A$$

mit einer von f, Q unabhängigen Konstanten A. Trudinger [43] und Moser [24] haben folgendes bewiesen: sei f eine Funktion, deren Träger in $D = \{x: |x| \leqslant d\}$ enthalten ist und für die $\operatorname{grad} f \in L^n$ $(n \geqslant 2)$ gilt. Dann folgt

$$\int_D e^{\left(\frac{a|f(x)|}{\|\operatorname{grad} f\|_n}\right)^{n/(n-1)}} d^n x \leqslant A\, d^n \quad .$$

Moser bestimmt sogar den besten Wert von a, für den diese Abschätzung immer noch gilt. Allgemeiner gilt der folgende

SATZ 5 (Adams, Bagby)

Sei $f \in L^p$, $1 < p < \infty$. Dann ist für beliebige $Q \subset R^n$ und $p' = \frac{p}{p-1}$ mit einer von f und Q unabhängigen Konstanten A und $\alpha = \frac{n}{p}$

$$\int_Q \left(e^{\|f\|_p^{-1} a\, |I_\alpha f(x) - (I_\alpha f)_Q|^{p'}} - 1 \right) d^n x \leq A$$

Der Beweis befindet sich im Anhang. Es folgt jetzt unmittelbar

$$\int_Q |I_\alpha f(x) - (I_\alpha f)_Q| \, d^n x \leq A \, \|f\|_p .$$

ANHANG VI

a) BEWEIS VON BEMERKUNG A.1

Wir gehen aus von Hilfssatz 1 und setzen an Stelle von φ $u(x,y) = P_y * f(x)$. Zunächst folgt aus der Hölderschen Ungleichung sofort $\|u(.,y)\|_\infty \leq A\, y^{-n/p}$ und hieraus die Existenz des Integrales

$$\int_0^\infty t^{-1+z} u(x,y+t)\, dt .$$

Wegen der absoluten Konvergenz von

$$\int_{R^n} \varphi(x)\, d^n x \int_0^\infty t^{-1+z} u(x,y+t)\, dt$$

für $\varphi \in S_0$ folgt $I_z u(x,y) = 1/\Gamma(z) \int_0^\infty t^{-1+z} u(x,y+t)\, dt$.
Das letzte Integral konvergiert auch für $y = 0$, denn es ist, wenn wir $f \geq 0$ voraussetzen, was keine Einschränkung der Allgemeinheit bedeutet :

$$\int_0^\infty t^{-1+z} u(x,t)\, dt = \int_{R^n} d^n w \left(\int_0^\infty t^{-1+z} P_t(w)\, dt \right) f(x-w)$$

$$= \int_{R^n} d^n w\, f(x,y)\, c_n \int_0^\infty t^z/(t^2+|w|^2)^{(n+1)/2}\, dt =$$

$$\int_{R^n} c_n\, f(x-w)/\, w^{\,n-z}\, d^n w \int_0^\infty s^z/(1+s^2)^{(n+1)/2}\, ds =$$

$$\Gamma(z)\, \gamma(z)^{-1} \int_{R^n} f(w)/|x-w|^{n-z}\, d^n w ,$$

also

$$I_z f(x) = 1/\Gamma(z) \int_{R^n} f(w)/|x-w|^{n-z}\, d^n w .$$

b) BEWEIS VON SATZ 1

Wir können uns auf $0 < p \leqslant 1$ beschränken. $k, s(x,y)$, $g(x,y)$, g und $u_{j_1 j_2 \ldots j_k}$ seien wie im Existenzbeweis für v gewählt und $g_*(x) = \sup_{y>0} |g(x,y)|$. Eine genaue Prüfung des Existenzbeweises von v zeigt auch die Existenz von $I_z u_{j_1 j_2 \ldots j_k}$. Wir setzen daher $v_{j_1 j_2 \ldots j_k} = I_z u_{j_1 j_2 \ldots j_k}$ (nebst $v = I_z u$). Im folgenden ist $p_k < q$ zu beachten.
Es gilt nun:

$$\Big(\sum_{j_1 \ldots j_k} |I_z u_{j_1 j_2 \ldots j_k}(x,y)|^2\Big)^{1/2} \leqslant \frac{1}{|\Gamma(z)|} \int_0^\infty g(x,y+t)^{1/p_k}\, dt$$

und wegen $g(x,y+t)^{1/p_k} \leqslant g_*^{k/(n-1)}(x)\; g(x,y+t)$ ist

$$\Big(\sum_{j_1 \ldots j_k} |I_z u_{j_1 j_2 \ldots j_k}(x,y)|^2\Big)^{1/2} \leqslant \frac{1}{|\Gamma(z)|}\, g_*(x)^{k/(n-1)}\, I_\alpha g(x,y) .$$

Hieraus folgt:

$$\int_{R^n} \Big(\sum_{j_1 \ldots j_k} |I_z u_{j_1 j_2 \ldots j_k}(x,y)|^2\Big)^{q/2} dx \leqslant \frac{1}{|\Gamma(z)|} \int_{R^n} g_*(x)^{kq/(n-1)}\, (I_\alpha g)^q (x,y)\, dx$$

und da wegen $g \in L^{p/p_k}$ $I_z g$ für $0 < \mathrm{Re}(z) < \frac{n}{p}$ eine Halbgruppe bildet, können wir $\alpha = \mathrm{Re}\, z < np_k$ annehmen. Dann ist $r = p(n+k-1)/qk > 1$, und s sei der zu r konjugierte Index. Es ist somit

$$\int_{R^n} g_*(x)^{kq/(n-1)} (I_\alpha g)^q\, (x,y)\, dx \leqslant \|g_*^{kq/(n-1)}\|_r \; \|(I_\alpha g)^q\|_s .$$

Auf Grund der bekannten Abschätzung für die Maximalfunktion g_* erhalten wir:

$$\|g_*^{kq/(n-1)}\|_r = \Big(\int_{R^n} g_*^{p/p_k}\, d^n x\Big)^{1/r} = \Big(\int_{R^n} g_*^{p/p_k}\, d^n x\Big)^{p_k qk/p(n-1)} =$$

$$\|g_*\|_{p/p_k}^{qk/(n-1)} \leqslant A\, \|g\|_{p/p_k}^{qk/(n-1)} .$$

Zur Abschätzung des 2. Faktors wird der Satz von Soboleff verwendet, diesmal für $sq > 1$:

$\| (I_\alpha g)^q \|_s = \| I_\alpha g \|_{qs}^q$, und da $\frac{1}{qs} = \frac{p_k}{p} - \frac{\alpha}{n}$,

folgt:

$$\| I_\alpha g \|_{qs}^q \leq A \, \| g \|_{p/p_k}^q .$$

Werden diese Ausdrücke oben eingesetzt, so wird:

$$\int_{R^n} (\Sigma | v_{j_1 j_2 \ldots j_k} (x,y) |^2)^{q/2} \, d^n x \leq A \, \| g \|_{p/p_k}^{qk/(n-1)} \, \| g \|_{p/p_k}^q =$$

$$A \, \| g \|_{p/p_k}^{q/p_k} = A \sup_{y>0} \| s(.,y) \|_{p/p_k}^{q/p_k} =$$

$$A \sup_{y>0} \left\{ \int_{R^n} (\Sigma | u_{j_1 j_2 \ldots j_k} (x,y) |^2)^p \, d^n x \right\}^{q/p} = A \, \| u \|_{H^p}^q ,$$

also $\| v \|_{H^q} \leq A \, \| u \|_{H^p}$, wenn v das System $v_{j_1 j_2 \ldots j_k} = I_z u_{j_1 j_2 \ldots j_k}$ bezeichnet.

c) BEWEIS DES HILFSSATZES IN C.

Es sei zuerst $0 < \alpha < 1$, also $k = 1$. Für $0 < y_1 < y_2$ ist

$$\| u(.,y_2) - u(.,y_1) \|_\infty \leq \int_{y_1}^{y_2} \left\| \frac{\partial u(.,t)}{\partial t} \right\|_\infty dt \leq M_0 \int_{y_1}^{y_2} t^{-1+\alpha} \, dt .$$

Hieraus ergibt sich die Existenz einer Funktion f mit

$\| u(.,y) - f \|_\infty \leq M_0 \, \alpha^{-1} \, y$,

und aus den Voraussetzungen folgt, wenn $y = |h|$ gesetzt wird:

$$\| f(.+h) - f \|_\infty \leq \| f - u(.,y) \|_\infty + \| u(.,y) - u(.+h,y) \|_\infty + \| f(.+h) - u(.+h,y) \|_\infty ,$$

also:

$$\| f(.+h) - f \|_\infty \leq \int_0^y \left\| \frac{\partial u(.,t)}{\partial t} \right\|_\infty dt + \sum_{j=1}^n \left\| \frac{\partial u(.,y)}{\partial x_j} \right\|_\infty |h| \leq$$

$$(2M_0 \, \alpha^{-1} + n \max M_{j_1 j_2 \ldots j_k}) \, |h|^\alpha .$$

Für f existiert $f(x,y) = P_y * f(x)$, und es gilt für alle j:

$$\frac{\partial u(x,y)}{\partial x_j} = \frac{\partial f(x,y)}{\partial x_j} .$$

Zum Beweis bemerken wir zunächst, dass $\frac{\partial u}{\partial x_j}(x,y) = u_{x_j}(x,y)$ in jedem oberen Abschnitt $R_t^{n+1} = \{(x,y) : x \in R^n,\ y > t > 0,\ t \text{ fest}\}$ beschränkt ist, und daher gilt

$$P_{y_1} * u_{x_j}(x,y) = u_{x_j}(x,y+y_1).$$

Aus der Existenz von $\frac{\partial P_{y_1}}{\partial x_j} * u(x,y)$ ergibt sich

$$u_{x_j}(x,y+y_1) = \frac{\partial P_{y_1}}{\partial x_j} * u(x,y)$$. Da u(x,y) gleichmässig gegen f konvergiert für $y \to 0$, folgt:

$$u_{x_j}(x,y_1) = f_{x_j}(x,y_1) .$$

Hieraus folgt $u(x,y) = f(x,y) + C_1 y + C_2$ mit gewissen Konstanten C_1, C_2, also nach unserer Abmachung $u(x,y) = f(x,y)$.

Es sei jetzt $\alpha = 1$, $k = 2$. Wir beschränken uns auf $y \leq 1$, da nur dieser Bereich Schwierigkeiten macht. Es ist

$$u_y(x,y) = \int_1^y u_{tt}(x,t)\, dt + u_t(x,1),$$

also

$$|u_y(x,y)| \leq M_0 \log 1/y + |u_t(x,1)| ,$$

$$|u(x,y_2) - u(x,y_1)| \leq M_0 \int_{y_1}^{y_2} \log 1/t\, dt + (y_2-y_1)|u_t(x,1)| .$$

Somit existiert f mit

$$|u(x,y) - f(x)| \leq M_0 \int_0^y \log 1/t\, dt + y|u_t(x,1)| ,$$

und f ist stetig. Weiter ist $f \in \Lambda_1$. Hierzu seien $h = s\sigma$, $|h| = s \leq t$, $\sigma \in S_{n-1}$. Dann gilt für beliebiges $\varepsilon > 0$:

$$u(x+h,\varepsilon) = \int_\varepsilon^t y u_{yy}(x+s\sigma,y)\, dy - t u_y(x+s\sigma,t) + u(x+s\sigma,t) +$$
$$\varepsilon\, u_y(x+s\sigma,\varepsilon),$$

$$|u(x+h,\varepsilon) + u(x-h,\varepsilon) - 2\,u(x,\varepsilon)| \leq \int_{\varepsilon}^{t} \|y\, u_{yy}(.,y)\|_\infty dy +$$

$$2t \sum_{j=1}^{n} \|u_{yx_j}(.,t)\|_\infty |h| + \sum_{i,j=1}^{n} \|u_{x_i x_j}(.,t)\|_\infty + \varepsilon|u_y(x+h,\varepsilon)| +$$

$$\varepsilon|u_y(x-h,\varepsilon)| + 2\,\varepsilon|u_y(x,\varepsilon)| .$$

Auf Grund der oben gemachten Abschätzungen für $u_y(x,y)$ verschwinden die drei letzten Posten für $\varepsilon \to 0$, und es wird mit $M = \max\limits_i M_{0i}$, $K = \max\limits_{p,q} M_{p,q}$:

$$|\Delta_h^2 f(x)| \leq M_0 t + 2tMnt^{-1}|h| + Kn^2|h|^2\, t^{-1},$$

$$\sup_{x,|h|\leq t} |\Delta_h^2 f(x)| \leq (M_0 + 2nM + Kn^2)\; t .$$

Der Beweis des 2. Teiles erfolgt wie oben:

$u_{x_i x_j}(x,y)$ ist in jedem R_+^{n+1}, $t>0$, beschränkt, also ist für $y_1 > 0$ und $i,j = 0,1,\ldots,n$:

$$P_{y_1} * u_{x_i x_j}(x,y) = u_{x_i x_j}(x,y+y_1) = \partial P_{y_1}/\partial x_i * u_{x_j}(x,y) ,$$

dabei ist zu beachten, dass die letzte Faltung existiert, denn für festes x_0 gilt:

$$|u_{x_j}(x,y) - u_{x_j}(x_0,y)| \leq \sum_{i=1}^{n} \int_0^{|x-x_0|} \|u_{x_i x_j}(x_0+s\;,y)\|_\infty ds \leq$$

$$\sum_{i=1}^{n} M_{ij}\, y^{-1}\; x-x_0 \quad .$$

Weiter existieren auch $\partial P_{y_1}/\partial x_i * u(x,y)$ und $\partial P_{y_1}/\partial x_i * f$. Es ist

$$|u(x,y)-u(x_0,y)| \leq \sum_{j=1}^{n} \int_0^{|x-x_0|} |u_{x_j}(x_0+s\;,y)|\,ds \leq$$

$$\int_0^{|x-x_0|} (|u_{x_j}(x_0,y)| + A\, s\, y^{-1})\; ds$$

mit einer nur von den M_i abhängigen Konstanten A. Also erhält man

$$|u(x,y)| \leq |u(x_0,y)| + \sum_{j=1}^{n} |u_{x_j}(x_0,y)|\,|x-x_0| + Ay^{-1}|x-x_0|^2 ,$$

und $\partial P_{y_1}/\partial x_i * u(x,y)$ existiert. Die Existenz von $\partial P_{y_1}/\partial x_i * f$, $i = 0,1,\dots,n$, folgt aus

$$|f(x)| \leq |u(x,1)| + M_0 \int_0^1 \log 1/t \, dt + |u_y(x,1)|$$

und den oben angegebenen Abschätzungen für $u(x,y)$ und $u_y(x,y)$.

Schliesslich gilt $\dfrac{\partial P_{y_1}}{\partial x_i} * \dfrac{\partial u}{\partial x_j}(x,y) = \dfrac{\partial^2 P_{y_1}}{\partial x_i \partial x_j} * u(x,y)$,

und es folgt:

$$u_{x_i x_j}(x,y_1) = \frac{\partial^2 P_{y_1}}{\partial x_i \partial x_j} * f(x) \quad ,$$

denn $\left|\dfrac{\partial^2 P_{y_1}}{\partial x_i \partial x_j}(x-z)\, u(z,y)\right|$ wird bei festem x durch die integrierbare

Funktion $\left|\dfrac{\partial^2 P_{y_1}}{\partial x_i \partial x_j}(x-z)\right| \left(|f(z)| + M_0 \int_0^1 \log \frac{1}{t} \, dt + |u_y(z,1)|\right)$

nach oben abgeschätzt, und $\lim_{y\to 0}$ ist daher mit dem Integral vertauschbar. Aus der eben bewiesenen Beziehung folgt:

$$u_{x_i}(x,y) = \frac{\partial P_y}{\partial x_i} * f(x,y) + C$$

mit einer Konstanten C. Also erhalten wir auf Grund unserer Abmachung

$$u_{x_j}(x,y) = \frac{\partial P_y}{\partial x_i} * f(x) \quad \text{für alle } i = 0,1,\dots,n.$$

Im Falle $\alpha > 0$ verfährt man analog unter Verwendung höherer Differenzen.

d) BEWEIS VON SATZ 2

Für $j_1, j_2, \dots, j_k = 0,1,\dots,n$ und $k > \alpha = \operatorname{Re} z$ gilt bei beliebigem $\varphi \in S$:

$$\left\langle \frac{\partial^k P_y}{\partial x_{j_1} \partial x_{j_2} \dots \partial x_{j_k}} * I_z f, \varphi \right\rangle = \left\langle f, I_z \frac{\partial^k P_y}{\partial x_{j_1} \dots \partial x_{j_k}} * \varphi \right\rangle$$

Setzen wir $z = \alpha + i\beta$ und beachten $I_z = I_\alpha I_{i\beta}$, so folgt wegen Satz 1

$$I_z \frac{\partial^k P_y}{\partial x_{j_1} \ldots \partial x_{j_k}} * \varphi \in H^1 ,$$

und aus der Tatsache, dass $(2\pi|x|)^{-i\beta}$ ein H^1-Multiplikator mit Norm $\leq A\,(1+|\beta|)^{n+1}$ ist (siehe [11]), ergibt sich die Abschätzung

$$\left|\left\langle \frac{\partial^k P_y}{\partial x_{j_1} \ldots \partial x_{j_k}} * I_z f, \varphi \right\rangle\right| \leq A\|f\|_* (1+|\beta|)^{n+1} \|\varphi\|_1 \left\| I_\alpha \frac{{}^k P_y}{x_{j_1} \ldots x_{j_k}} \right\|_{H^1},$$

und aus Satz 1 folgt:

$$\left\| I_\alpha \frac{\partial^k P_y}{\partial x_{j_1} \ldots \partial x_{j_k}} \right\|_{H^1} \leq A \left\| \frac{\partial^k P_y}{\partial x_{j_1} \ldots \partial x_{j_k}} \right\|_{H^p} = A\, y^{-k+\alpha} ,$$

also wird die rechte Seite abgeschätzt durch

$$A \|f\|_* (1+|\beta|)^{n+1} y^{-k+\alpha} \|\varphi\|_1 .$$

Die S_0-Distribution $\dfrac{\partial^k P_y}{\partial x_{j_1} \partial x_{j_2} \ldots \partial x_{j_k}} * I_z f$ ist mit

$I_z \dfrac{\partial^k P_y}{\partial x_{j_1} \ldots \partial x_{j_k}} * f$ identisch. Dieser Ausdruck ist auf Grund der Existenz von $\displaystyle\int_{R^n} \frac{f(x)}{1+|x|^{n+1}}\, dx$ als Faltung wohldefiniert und stellt eine in R_+^{n+1} harmonische Funktion $u_{j_1 j_2 \ldots j_k}(x,y)$ dar mit dem Wachstumsverhalten

$$\|u_{j_1 j_2 \ldots j_k}(\cdot,y)\|_\infty \leq A \|f\|_* (1+|z|)^{n+1} y^{-k+\alpha} .$$

Das durch $u_{j_1 j_2 \ldots j_k, j} = (u_{j_1 j_2 \ldots j_k})_{x_j}$ definierte System harmonischer Funktionen $u_{j_1 j_2 \ldots j_k, j}$ ist in allen Indizes symmetrisch und sämtliche Spuren verschwinden identisch. Hieraus ergibt sich aber die Existenz einer in R_+^{n+1} harmonischen Funktion $H(x,y)$ mit $u_{j_1 j_2 \dots j_k} = (\mathrm{grad})^k H$. Wir geben kurz den von Stein und Weiss geführten Beweis ') wieder: Für $k = 1$ gehen die obigen Eigenschaften in die Cauchy-Riemannschen Differentialgleichungen über, und die Konstruktion von H ist wohlbekannt. Es sei jetzt k beliebig festgewählt. Wir setzen für festgehaltene $j_1, j_2, \dots j_{k-1}$: $H_{j_k} = u_{j_1 j_2 \dots j_k}$, und für H_{j_k} gelten die (verallgemeinerten) Cauchy-Riemannschen Differentialgleichungen, denn offenbar ist

$$\frac{\partial H_j}{\partial x_i} = u_{j_1 j_2 \cdot\cdot j, i} = u_{j_1 j_2 \cdot\cdot i, j} = \frac{\partial H_i}{\partial x_j} \quad ,$$

$$\sum_{j=1}^{n} \frac{\partial H_j}{\partial x_j} = \sum_{j=1}^{n} u_{j_1 j_2 \cdot\cdot j, j} = 0 \quad .$$

Also existieren harmonische Funktionen $H^{j_1 j_2 \cdot\cdot j_{k-1}}$ mit $(H^{j_1 \cdot\cdot j_{k-1}})_{x_j} = H_j$. Ersetzen wir $H^{j_1 j_2 \cdot\cdot j_k}$ durch $H^{j_1 j_2 \cdot\cdot j_k} - H^{j_1 j_2 \cdot\cdot j_k}(0)$, so bleiben diese Beziehungen gültig. Weiter ist $H^{j_1 \cdot\cdot j_k}$ in allen Indizes symmetrisch; denn für festes j_0 z.B. gilt

$$\partial / \partial x_{j_0} (H^{j_2 j_1 j_3 \cdot\cdot j_{k-1}} - H^{j_1 j_2 j_3 \cdot\cdot j_k}) = u_{j_2 j_1 j_3 \cdot\cdot j_k} - u_{j_1 j_2 j_3 \cdot\cdot j_k},$$

also ist $H^{j_2 j_1 j_3 \cdot\cdot j_k} - H^{j_1 j_2 j_3 \cdot\cdot j_k} =$ konstant $= 0$ wegen der obigen Normierung. Ausserdem verschwinden alle Spuren von $H^{j_1 \cdot\cdot j_{k-1}}$, denn es gilt für $j_{k-1} = j$ und festes j_0

$$\partial / \partial x_{j_0} \Big(\sum_{j=0}^{n} H^{j_1 j_2 \cdot\cdot jj} \Big) = \sum_{j=0}^{n} u_{j_1 j_2 \cdot\cdot jj, j_0} = 0,$$

dasselbe gilt für $(H^{j_1 j_2 \cdot\cdot j_{k-1}})_{x_j}$ und nach Induktionsvoraussetzung existiert eine harmonische Funktion H, sodass $H^{j_1 j_2 \cdot\cdot j_k} = (\mathrm{grad}^{k-1} H)$. Setzt man noch $H_j = (H^{j_1 \cdot\cdot j_{k-1}})_{x_j}$ ein, so wird

') Siehe: Stein und Weiss, Generalisations of the Cauchy-Riemann equations and repres. of the rot. group, Amer. J. Math. 90, 1968

$u_{j_1 j_2 \dots j_k} = \text{grad}\ {}^k H.$

Nun gilt also $\left\| \frac{\partial^k H}{\partial x_{j_1} \partial x_{j_2} \dots \partial x_{j_k}} \right\|_\infty \leq A \|f\|_* (1+|z|)^{n+1}\ y^{-k+\alpha}$,

und es existiert aufgrund von Hilfssatz C. genau eine Funktion $g \in \Lambda_\alpha$, sodass gilt:

$$\frac{\partial^k P_y}{\partial y^k} * g = \frac{\partial^k P_y}{\partial y^k} * I_z f \quad .$$

Hieraus folgt aber $g = I_z f$ und $\|I_z f\|_{\Lambda_\alpha} \leq A(1+|z|)^{n+1} \|f\|_*$.

e) BEWEIS VON SATZ 4

Es sei B eine Kugel mit Radius d, und wir nehmen der Einfachheit halber an, 0 sei das Zentrum. Wir setzen für eine Funktion v

$$\|v\| = \inf \{\lambda > 0: ⨍_Q (e^{(|v|/\lambda)^{p'}} - 1)\ d^n x \leq 1\} \quad .$$

und bemerken, dass die "erzeugende" Funktion $e^{t^{p'}} - 1$ konvex ist. Weiter setzen wir

$I_\alpha f = F + G$, wo

$$F(x) = \int_{|y| \leq 2d} f(y)/|x-y|^{n-\alpha}\ d^n y, \quad G(x) = \int_{|y| > 2d} f(y)/|x-y|^{n-\alpha} d^n y.$$

Es ist $\|I_\alpha f - (I_\alpha f)_Q\| \leq \|F\| + \|F_Q\| + \|G - G_Q\|$

$\leq \|F\| + \|F_Q\| + A\ \|G - G_Q\|_\infty$, wobei wir $\|v\| \leq A\ \|v\|_\infty$ verwendet haben.

Wir schätzen nun diese Posten einzeln ab:

1) $$G(x) - G_Q = \int_{|y| \geq 2d} \frac{|f(y)|}{|x-y|^{n-\alpha}}\ d^n y - \frac{1}{|Q|} \int_Q \int_{|y| \geq 2d} \frac{f(y)}{|x-y|^{n-\alpha}}\ d^n y\ d^n x =$$

$$\int_{|y| \geq 2d} f(y)\ d^n y\ \frac{1}{|Q|} \int_Q \left\{ \frac{1}{|x-y|^{n-\alpha}} - \frac{1}{|z-y|^{n-\alpha}} \right\} d^n z \quad .$$

Offenbar ist $|x - y| \geq \frac{|y|}{2}$, $|z - y| \geq \frac{|y|}{2}$, also

$$|G(x) - G_Q| \leqslant \int_{|y| \geqslant 2d} A|y|^{\alpha-n} f(y)\, d^n y$$

$$A\|f\|_p \Big(\int_{|y| \geqslant 2d} y^{p'(\alpha-n)}\, d^n y\Big)^{1/p'} = A\|f\|_p \Big(\int_{2d}^{\infty} r^{n(1-p')+p'\alpha-1} dr\Big)^{1/p'}$$

$$= A\|f\|_p\, d^{n(1/p'-1)+\alpha} = A\|f\|_p ,$$

denn wegen $\alpha = n/p$ ist $n(1/p'-1)+ \alpha = -n/p + n/p = 0$.

2) Wir schätzen $\|F_Q\|$ ab. Es ist wegen der Jensenschen Ungleichung

$$\Phi(|F_Q|\lambda^{-1}) = \Phi\Big(\int_Q (|F|\lambda^{-1})\, d^n x\Big) \leqslant \int_Q \Phi(|F|\lambda^{-1})\, d^n x ,$$

also

$$\int_Q \Phi(|F_Q|\lambda^{-1})\, d^n x \leqslant \int_Q \Phi(|F|\lambda^{-1})\, d^n x$$

oder $\|F_Q\| \leqslant \|F\|$.

3) Die Abschätzung von F ist am schwierigsten. Es ist für $x \in Q$

$$|F(x)| \leqslant \int_{|y| \leqslant 3d} |f(x-y)|/|y|^{n-\alpha}\, d^n y .$$

Wir unterteilen dieses Integral mit einer zunächst noch nicht näher bestimmten Zahl θ , $0 < \theta \leqslant 1$, in die Integrale

$$\int_{|y| \leqslant 3\theta d} |f(x-y)|/|y|^{n-\alpha}\, d^n y + \int_{3\theta d < |y| < 3d} |f(x-y)|/|y|^{n-\alpha}\, d^n y$$

$$= A_\theta(x) + B_\theta(x) .$$

Zur Abschätzung von $A_\theta(x)$ zerlegen wir, immer für festes $x \in Q$, $\{y: |y| \leqslant 3\theta d\}$ in die Gebiete $Q_j = \{y: 3\theta d/2^{j+1} < |y| < 3\theta d/2^j\}$. Also erhalten wir

$$|A_\theta(x)| \leqslant \sum_{j=0}^{\infty} \int_{Q_j} |f(x-y)|/|y|^{n-\alpha}\, d^n y \leqslant \sum_{j=0}^{\infty} (3\, d/2^{j+1})^{-n+\alpha} \int_{|y| < 3\theta d/2^j} f(x-y)\, d^n y$$

$$\leqslant (3 d\theta)^\alpha \sum_{j=0}^{\infty} 2^{-(j+1)\alpha}\, Mf(x) ,$$

insgesamt erhalten wir für A_θ die Abschätzung

$$|A_\Theta(x)| \leq A\ \theta^\alpha d^\alpha\ Mf(x)\ ;$$

für $B_\Theta(x)$ bekommen wir aus der Hölderschen Ungleichung

$$|B_\Theta(x)| \leq A\ \|f\|_p\ \log\ (\theta^{-1}).$$

Ist nun $d^\alpha\ Mf(x) \leq \|f\|_p$, so können wir $\theta = 1$ setzen, und es wird:

$$|A_\Theta(x)| \leq A\ \|f\|_p\ ,\ B_\Theta(x) = 0;$$

ist aber $d^\alpha\ Mf(x) > \|f\|_p$, so setzen wir $\theta = \|f\|_p^{1/\alpha}\ d^{-1}\ (Mf(x))^{-1/\alpha}$ und erhalten

$$|A_\Theta(x)| \leq A\ \|f\|_p \quad \text{und}$$

$$|B_\Theta(x)| \leq A\ \|f\|_p\ \log\ \left\{ \frac{d^n\ Mf(x)^{n/\alpha}}{\|f\|_p^{n/\alpha}} \right\}^{1/p'}\ ,$$

Insgesamt also für eine geeignete Konstante c

$$(F(x)/c\|f\|_p)^{p'} \leq 1 + \log^+\ (d^n Mf^p(x)/\|f\|_p^p),\quad p = n/\alpha\quad ,$$

und wegen $\|Mf\|_p \leq A\ \|f\|_p$

$$\int_Q e^{\left(\frac{|F(x)|}{c\|f\|_p}\right)^{p'}}\ d^n x \leq A\ |Q|$$

mit einer von F unabhängigen Konstanten A. Hieraus folgt jetzt:

$$\|I_\alpha f - (I_\alpha f)_Q\| \leq A\ \|f\|_p \quad \text{oder}$$

$$\int_Q (e^{\left[\frac{a|I_\alpha f(x) - (I_\alpha f)Q|}{\|f\|_p}\right]^{p'}} - 1)\ d^n x \leq A$$

für alle Q und eine Konstante a.

LITERATURVERZEICHNIS

[1] Adams, D.R. and Bagby, R.J.
Translation-dilation invariant estimates for Riesz potentials, Indiana Univ. Math. Journal, 23 (1974), 1051 - 1067

[2] Calderon, A.P. and Zygmund, A.
On the existence of certain singular integrals, Acta Math. 88 (1952), 85 - 139

[3] Calderon, A.P. and Zygmund , A.
On higher gradients of harmonic functions, Studia Math. 26 (1964), 211 - 226

[4] Caraman, P.
n-dimensional quasiconformal mappings, Editura Academiei Române and Abacus Press, Turnbridge Wells, Kent, 1974.

[5] Carleson, L.
Interpolation of bounded analytic functions and the corona problem, Ann.of Math. 76 (1962) 547 - 559

[6] Carleson, L.
The corona problem, Proc. 15th Scand. Congress, Lecture Notes in Math. 118, Springer 1970, 121 - 132

[7] Coifman, R.R.
Distribution function inequalities for singular integrals, Proc. Nat. Acad. Sci. USA 69 (1972) 2838 - 2839

[8] Coifman, R.R. and Fefferman, C.
Weighted norm inequalities for maximal functions and singular integrals, Studia Mathematica 51 (1974), 241-250

[9] Fabes, E.B., Johnson,R.L. and Neri,U.
Spaces of harmonic functions representable by Poisson integrals of functions in BMO and $L_{p,\lambda}$, Preprint

[10] Fefferman, Ch.
Characterisations of bounded mean oscillation, Bull. Amer. Math. Society, 77 (1971), 587 - 588

[11] Fefferman, Ch. and Stein, E.M.
H^p-Spaces of Several Variables, Acta Math. 129 (1972), 137 - 193

[12] Fuglede B.
Extremal length and functional completion, Acta Math. 98 (1957) 171 - 219.

[13] Garsia, A.M.
Martingale Inequalities, W.A. Benjamin 1973

[14] Gehring, F.W.
The L^p-integrability of the partial derivatives of a quasiconformal mapping, Acta Math. 130 (1973) 265 - 277

[15] Helson, H. and Szegö, G.
A problem in prediction theory, Ann. Mat. Pura Appl. (4) 51 (1960) 107 - 138

[16] Herz, C.
Lipschitz spaces and Bernstein's theorem on absolutely convergent Fourier transforms, J. of Math. and Mech. 18 (1968), 283 - 323

[17] Herz, C.
Bounded mean oscillation and regulated martingales, Trans. Amer. Math. Soc. 193 (1974), 199-215

[18] Hörmander, L.
L^p-estimates for (pluri-) subharmonic functions, Math. Scand. 20 (1967) 65 - 78

[19] Hunt, R. Muckenhoupt, B. and Wheeden, R.
Weighted norm inequalities for the conjugate function and Hilbert transform, Trans. AMS 176 (1973) 227 - 251

[20] John, F.
Rotation and strain, Comm. Pure Appl. Math. 14 (1961) 319 - 413

[21] John, F. and Nirenberg, L.
On functions of bounded mean oscillation, Comm. Pure Appl. Math. 14 (1961), 415 - 426

[22] Johnson, R.L.
Temperatures, Riesz-Potentials and the Lipschitz Spaces of Herz, Proc. London Math. Soc, 27 (1973), 290 - 316

[23] Martio, O.
On the integrability of the derivative of a quasiregular mapping, Math. Scand 35 (1974), 43 - 48

[24] Moser, J.
On Harnack's theorem for elliptic differential equations, Comm. Pure Appl. Math. 14 (1961) 577 - 591

[25] Moser, J.
A Harnack Inequality for parabolic differential equations, Comm. Pure Appl. Math. 17 (1964) 101 - 134

[26] Moser, J.
A sharp form of an Inequality by N. Trudinger, J. of Funct. Analysis, 20 (1971), 1077 - 1092

[27] Mostow, G.D.
Quasi-conformal mappings in n-space and the rigidity of hyperbolic space forms, IHES, Publ. Math. 34 (1968), 53 - 104

[28] Muckenhoupt, B.
Weighted norm inequalities for the Hardy maximal function, Trans. AMS 165 (1972) 207 - 226

[29] Neri, U.
Fractional Integration on the Space H^1 and its Dual, Preprint, erscheint in Studia Mathematica

[30] Peetre, J.
Espaces d'interpolation et théorème de Soboleff, Ann. Inst. Fourier, 16 (1966), 279 - 317

[31] Peetre, J
On the theory of $L_{p,\lambda}$ spaces, J. of Funct. Analysis 4 (1969), 71 - 85

[32] Reimann, H.M.
Functions of bounded mean oscillation and quasiconformal mappings, Comm. Math. Helv. 49 (1974) 260 - 276

[33] Rychener, Th.
Eine Interpolationseigenschaft des Raumes BMO, Vordruck

[34] Stampacchia, G.
$L^{(p,\lambda)}$-Spaces and Interpolation, Comm. Pure Appl. Math. 17 (1964), 293 - 306

[35] Stampacchia, G.
The spaces $L^{(p,\lambda)}$, $N^{(p,\lambda)}$ and interpolation, Ann. Sc. Normale Sup, Pisa (3) 19 (1965) 443 - 462

[36] Stein, E.M.
Singular Integrals, harmonic functions, and differentiability properties of functions of several variables, Proc. Symp. in Pure Math. 10 (1967), 316 - 335

[37] Stein, E.M.
Singular Integrals and Differentiability Properties of Functions, Princeton University Press, Princeton, New Jersey, 1970

[38] Stein, E.M., Weiss G.
On the theory of harmonic functions of several variables I: the theory of H^p spaces, Acta Math. 103 (1960), 25 - 62

[39] Stein, E.M. and Weiss, G.
Introduction to Fourier Analysis on Euclidean Spaces, Princeton 1971

[40] Stein, E.M. and Zygmund, A.
Boundedness of translation invariant operators on Hölder and L^p spaces, Annals of Math. 85 (1967), 337 - 349

[41] Strichartz, R.S.
A note on Trudinger's extension of Sobolev's inequalities, Indiana Univ. Math. Journal, 21 (1972), 841 - 842

[42] Taibleson, M.H.
On the theory of Lipschitz spaces of distributions on Euclidean n-space I, J. Math. Mech. 13 (1964), 407 - 480

[43] Trudinger, N.S.
On imbeddings into Orlicz spaces and some applications, Journal of Math. and Mech. 17 (1967), 474 - 483

[44] Trudinger, N.S.
On the regularity of generalized solutions of linear, non-uniformly elliptic equations, Arch. Rat. Mech. Anal. 42 (1971) 50 - 62

[45] Väisälä, J.
Lectures on n-dimensional quasiconformal mappings, Lecture Notes in Math. 229, Springer 1971

[46] Ziemer, W.P.
Change of variables for absolutely continuous functions, Duke Math. J. 36 (1969) 171 - 178

[47] Zygmund, A.
Trigonometric Series II, Cambridge 1968

INDEX

Vol. 342: Algebraic K-Theory II, "Classical" Algebraic K-Theory, and Connections with Arithmetic. Edited by H. Bass. XV, 527 pages. 1973. DM 40,-

Vol. 343: Algebraic K-Theory III, Hermitian K-Theory and Geometric Applications. Edited by H. Bass. XV, 572 pages. 1973. DM 40,-

Vol. 344: A. S. Troelstra (Editor), Metamathematical Investigation of Intuitionistic Arithmetic and Analysis. XVII, 485 pages. 1973. DM 38,-

Vol. 345: Proceedings of a Conference on Operator Theory. Edited by P. A. Fillmore. VI, 228 pages. 1973. DM 22,-

Vol. 346: Fučík et al., Spectral Analysis of Nonlinear Operators. II, 287 pages. 1973. DM 26,-

Vol. 347: J. M. Boardman and R. M. Vogt, Homotopy Invariant Algebraic Structures on Topological Spaces. X, 257 pages. 1973. DM 24,-

Vol. 348: A. M. Mathai and R. K. Saxena, Generalized Hypergeometric Functions with Applications in Statistics and Physical Sciences. VII, 314 pages. 1973. DM 26,-

Vol. 349: Modular Functions of One Variable II. Edited by W. Kuyk and P. Deligne. V, 598 pages. 1973. DM 38,-

Vol. 350: Modular Functions of One Variable III. Edited by W. Kuyk and J.-P. Serre. V, 350 pages. 1973. DM 26,-

Vol. 351: H. Tachikawa, Quasi-Frobenius Rings and Generalizations. XI, 172 pages. 1973. DM 20,-

Vol. 352: J. D. Fay, Theta Functions on Riemann Surfaces. V, 137 pages. 1973. DM 18,-

Vol. 353: Proceedings of the Conference. on Orders, Group Rings and Related Topics. Organized by J. S. Hsia, M. L. Madan and T. G. Ralley. X, 224 pages. 1973. DM 22,-

Vol. 354: K. J. Devlin, Aspects of Constructibility. XII, 240 pages. 1973. DM 24,-

Vol. 355: M. Sion, A Theory of Semigroup Valued Measures. V, 140 pages. 1973. DM 18,-

Vol. 356: W. L. J. van der Kallen, Infinitesimally Central-Extensions of Chevalley Groups. VII, 147 pages. 1973. DM 18,-

Vol. 357: W. Borho, P. Gabriel und R. Rentschler, Primideale in Einhüllenden auflösbarer Lie-Algebren. V, 182 Seiten. 1973. DM 20,-

Vol. 358: F. L. Williams, Tensor Products of Principal Series Representations. VI, 132 pages. 1973. DM 18,-

Vol. 359: U. Stammbach, Homology in Group Theory. VIII, 183 pages. 1973. DM 20,-

Vol. 360: W. J. Padgett and R. L. Taylor, Laws of Large Numbers for Normed Linear Spaces and Certain Fréchet Spaces. VI, 111 pages. 1973. DM 18,-

Vol. 361: J. W. Schutz, Foundations of Special Relativity: Kinematic Axioms for Minkowski Space Time. XX, 314 pages. 1973. DM 26,-

Vol. 362: Proceedings of the Conference on Numerical Solution of Ordinary Differential Equations. Edited by D. Bettis. VIII, 490 pages. 1974. DM 34,-

Vol. 363: Conference on the Numerical Solution of Differential Equations. Edited by G. A. Watson. IX, 221 pages. 1974. DM 20,-

Vol. 364: Proceedings on Infinite Dimensional Holomorphy. Edited by T. L. Hayden and T. J. Suffridge. VII, 212 pages. 1974. DM 20,-

Vol. 365: R. P. Gilbert, Constructive Methods for Elliptic Equations. VII, 397 pages. 1974. DM 26,-

Vol. 366: R. Steinberg, Conjugacy Classes in Algebraic Groups (Notes by V. V. Deodhar). VI, 159 pages. 1974. DM 18,-

Vol. 367: K. Langmann und W. Lütkebohmert, Cousinverteilungen und Fortsetzungssätze. VI, 151 Seiten. 1974. DM 16,-

Vol. 368: R. J. Milgram, Unstable Homotopy from the Stable Point of View. V, 109 pages. 1974. DM 16,-

Vol. 369: Victoria Symposium on Nonstandard Analysis. Edited by A. Hurd and P. Loeb. XVIII, 339 pages. 1974. DM 26,-

Vol. 370: B. Mazur and W. Messing, Universal Extensions and One Dimensional Crystalline Cohomology. VII, 134 pages. 1974. DM 16,-

Vol. 371: V. Poenaru, Analyse Différentielle. V, 228 pages. 1974. DM 20,-

Vol. 372: Proceedings of the Second International Conference on the Theory of Groups 1973. Edited by M. F. Newman. VII, 740 pages. 1974. DM 48,-

Vol. 373: A. E. R. Woodcock and T. Poston, A Geometrical Study of the Elementary Catastrophes. V, 257 pages. 1974. DM 22,-

Vol. 374: S. Yamamuro, Differential Calculus in Topological Linear Spaces. IV, 179 pages. 1974. DM 18,-

Vol. 375: Topology Conference 1973. Edited by R. F. Dickman Jr. and P. Fletcher. X, 283 pages. 1974. DM 24,-

Vol. 376: D. B. Osteyee and I. J. Good, Information, Weight of Evidence, the Singularity between Probability Measures and Signal Detection. XI, 156 pages. 1974. DM 16,-

Vol. 377: A. M. Fink, Almost Periodic Differential Equations. VIII, 336 pages. 1974. DM 26,-

Vol. 378: TOPO 72 - General Topology and its Applications. Proceedings 1972. Edited by R. Alò, R. W. Heath and J. Nagata. XIV, 651 pages. 1974. DM 50,-

Vol. 379: A. Badrikian et S. Chevet, Mesures Cylindriques, Espaces de Wiener et Fonctions Aléatoires Gaussiennes. X, 383 pages. 1974. DM 32,-

Vol. 380: M. Petrich, Rings and Semigroups. VIII, 182 pages. 1974. DM 18,-

Vol. 381: Séminaire de Probabilités VIII. Edité par P. A. Meyer. IX, 354 pages. 1974. DM 32,-

Vol. 382: J. H. van Lint, Combinatorial Theory Seminar Eindhoven University of Technology. VI, 131 pages. 1974. DM 18,-

Vol. 383: Séminaire Bourbaki - vol. 1972/73. Exposés 418-435 IV, 334 pages. 1974. DM 30,-

Vol. 384: Functional Analysis and Applications, Proceedings 1972. Edited by L. Nachbin. V, 270 pages. 1974. DM 22,-

Vol. 385: J. Douglas Jr. and T. Dupont, Collocation Methods for Parabolic Equations in a Single Space Variable (Based on C^1-Piecewise-Polynomial Spaces). V, 147 pages. 1974. DM 16,-

Vol. 386: J. Tits, Buildings of Spherical Type and Finite BN-Pairs. IX, 299 pages. 1974. DM 24,-

Vol. 387: C. P. Bruter, Eléments de la Théorie des Matroïdes. V, 138 pages. 1974. DM 18,-

Vol. 388: R. L. Lipsman, Group Representations. X, 166 pages. 1974. DM 20,-

Vol. 389: M.-A. Knus et M. Ojanguren, Théorie de la Descente et Algèbres d' Azumaya. IV, 163 pages. 1974. DM 20,-

Vol. 390: P. A. Meyer, P. Priouret et F. Spitzer, Ecole d'Eté de Probabilités de Saint-Flour III - 1973. Edité par A. Badrikian et P.-L. Hennequin. VIII, 189 pages. 1974. DM 20,-

Vol. 391: J. Gray, Formal Category Theory: Adjointness for 2-Categories. XII, 282 pages. 1974. DM 24,-

Vol. 392: Géométrie Différentielle, Colloque, Santiago de Compostela, Espagne 1972. Edité par E. Vidal. VI, 225 pages. 1974. DM 20,-

Vol. 393: G. Wassermann, Stability of Unfoldings. IX, 164 pages. 1974. DM 20,-

Vol. 394: W. M. Patterson 3rd, Iterative Methods for the Solution of a Linear Operator Equation in Hilbert Space - A Survey. III, 183 pages. 1974. DM 20,-

Vol. 395: Numerische Behandlung nichtlinearer Integrodifferential- und Differentialgleichungen. Tagung 1973. Herausgegeben von R. Ansorge und W. Törnig. VII, 313 Seiten. 1974. DM 28,-

Vol. 396: K. H. Hofmann, M. Mislove and A. Stralka, The Pontryagin Duality of Compact O-Dimensional Semilattices and its Applications. XVI, 122 pages. 1974. DM 18,-

Vol. 397: T. Yamada, The Schur Subgroup of the Brauer Group. V, 159 pages. 1974. DM 18,-

Vol. 398: Théories de l'Information, Actes des Rencontres de Marseille-Luminy, 1973. Edité par J. Kampé de Fériet et C. Picard. XII, 201 pages. 1974. DM 23,-

Vol. 399: Functional Analysis and its Applications, Proceedings 1973. Edited by H. G. Garnir, K. R. Unni and J. H. Williamson. XVII, 569 pages. 1974. DM 44,-

Vol. 400: A Crash Course on Kleinian Groups – San Francisco 1974. Edited by L. Bers and I. Kra. VII, 130 pages. 1974. DM 18,-

Vol. 401: F. Atiyah, Elliptic Operators and Compact Groups. V, 93 pages. 1974. DM 18,-

Vol. 402: M. Waldschmidt, Nombres Transcendants. VIII, 277 pages. 1974. DM 25,-

Vol. 403: Combinatorial Mathematics – Proceedings 1972. Edited by D. A. Holton. VIII, 148 pages. 1974. DM 18,-

Vol. 404: Théorie du Potentiel et Analyse Harmonique. Edité par J. Faraut. V, 245 pages. 1974. DM 25,-

Vol. 405: K. Devlin and H. Johnsbråten, The Souslin Problem. VIII, 132 pages. 1974. DM 18,-

Vol. 406: Graphs and Combinatorics – Proceedings 1973. Edited by R. A. Bari and F. Harary. VIII, 355 pages. 1974. DM 30,-

Vol. 407: P. Berthelot, Cohomologie Cristalline des Schémas de Caracteristique p > o. VIII, 598 pages. 1974. DM 44,-

Vol. 408: J. Wermer, Potential Theory. VIII, 146 pages. 1974. DM 18,-

Vol. 409: Fonctions de Plusieurs Variables Complexes, Séminaire François Norguet 1970–1973. XIII, 612 pages. 1974. DM 47,-

Vol. 410: Séminaire Pierre Lelong (Analyse) Année 1972–1973. VI, 181 pages. 1974. DM 18,-

Vol. 411: Hypergraph Seminar. Ohio State University, 1972. Edited by C. Berge and D. Ray-Chaudhuri. IX, 287 pages. 1974. DM 28,-

Vol. 412: Classification of Algebraic Varieties and Compact Complex Manifolds. Proceedings 1974. Edited by H. Popp. V, 333 pages. 1974. DM 30,-

Vol. 413: M. Bruneau, Variation Totale d'une Fonction. XIV, 332 pages. 1974. DM 30,-

Vol. 414: T. Kambayashi, M. Miyanishi and M. Takeuchi, Unipotent Algebraic Groups. VI, 165 pages. 1974. DM 20,-

Vol. 415: Ordinary and Partial Differential Equations, Proceedings of the Conference held at Dundee, 1974. XVII, 447 pages. 1974. DM 37,-

Vol. 416: M. E. Taylor, Pseudo Differential Operators. IV, 155 pages. 1974. DM 18,-

Vol. 417: H. H. Keller, Differential Calculus in Locally Convex Spaces. XVI, 131 pages. 1974. DM 18,-

Vol. 418: Localization in Group Theory and Homotopy Theory and Related Topics Battelle Seattle 1974 Seminar. Edited by P. J. Hilton. VI, 171 pages. 1974. DM 20,-

Vol. 419: Topics in Analysis – Proceedings 1970. Edited by O. E. Lehto, I. S. Louhivaara, and R. H. Nevanlinna. XIII, 391 pages. 1974. DM 35,-

Vol. 420: Category Seminar. Proceedings, Sydney Category Theory Seminar 1972/73. Edited by G. M. Kelly. VI, 375 pages. 1974. DM 32,-

Vol. 421: V. Poénaru, Groupes Discrets. VI, 216 pages. 1974. DM 23,-

Vol. 422: J.-M. Lemaire, Algèbres Connexes et Homologie des Espaces de Lacets. XIV, 133 pages. 1974. DM 23,-

Vol. 423: S. S. Abhyankar and A. M. Sathaye, Geometric Theory of Algebraic Space Curves. XIV, 302 pages. 1974. DM 28,-

Vol. 424: L. Weiss and J. Wolfowitz, Maximum Probability Estimators and Related Topics. V, 106 pages. 1974. DM 18,-

Vol. 425: P. R. Chernoff and J. E. Marsden, Properties of Infinite Dimensional Hamiltonian Systems. IV, 160 pages. 1974. DM 20,-

Vol. 426: M. L. Silverstein, Symmetric Markov Processes. IX, 287 pages. 1974. DM 28,-

Vol. 427: H. Omori, Infinite Dimensional Lie Transformation Groups. XII, 149 pages. 1974. DM 18,-

Vol. 428: Algebraic and Geometrical Methods in Topology, Proceedings 1973. Edited by L. F. McAuley. XI, 280 pages. 1974. DM 28,-

Vol. 429: L. Cohn, Analytic Theory of the Harish-Chandra C-Function. IV, 154 pages. 1974. DM 18,-

Vol. 430: Constructive and Computational Methods for Differential and Integral Equations. Symposium 1974. Edited by D. L. Colton and R. P. Gilbert. VII, 476 pages. 1974. DM 37,-

Vol. 431: Séminaire Bourbaki – vol. 1973/74. Exposés 436–452. IV, 347 pages. 1975. DM 30,-

Vol. 432: R. P. Pflug, Holomorphiegebiete, pseudokonvexe Gebiete und das Levi-Problem. VI, 210 Seiten. 1975. DM 23,-

Vol. 433: W. G. Faris, Self-Adjoint Operators. VII, 115 pages. 1975. DM 18,-

Vol. 434: P. Brenner, V. Thomée, and L. B. Wahlbin, Besov Spaces and Applications to Difference Methods for Initial Value Problems. II, 154 pages. 1975. DM 18,-

Vol. 435: C. F. Dunkl and D. E. Ramirez, Representations of Commutative Semitopological Semigroups. VI, 181 pages. 1975. DM 20,-

Vol. 436: L. Auslander and R. Tolimieri, Abelian Harmonic Analysis, Theta Functions and Function Algebras on a Nilmanifold. V, 99 pages. 1975. DM 18,-

Vol. 437: D. W. Masser, Elliptic Functions and Transcendence. XIV, 143 pages. 1975. DM 18,-

Vol. 438: Geometric Topology, Proceedings 1974. Edited by L. C. Glaser and T. B. Rushing. X, 459 pages. 1975. DM 37,-

Vol. 439: K. Ueno, Classification Theory of Algebraic Varieties and Compact Complex Spaces. XIX, 278 pages. 1975 DM 28,-

Vol. 440: R. K. Getoor, Markov Processes: Ray Processes and Right Processes. V, 118 pages. 1975. DM 18,-

Vol. 441: N. Jacobson, PI-Algebras. An Introduction. V, 115 pages. 1975. DM 18,-

Vol. 442: C. H. Wilcox, Scattering Theory for the d'Alembert Equation in Exterior Domains. III, 184 pages. 1975. DM 20,-

Vol. 443: M. Lazard, Commutative Formal Groups. II, 236 pages. 1975. DM 23,-

Vol. 444: F. van Oystaeyen, Prime Spectra in Non-Commutative Algebra. V, 128 pages. 1975. DM 18,-

Vol. 445: Model Theory and Topoi. Edited by F. W. Lawvere, C. Maurer and G. C. Wraith. III, 354 pages. 1975. DM 30,-

Vol. 446: Partial Differential Equations and Related Topics, Proceedings 1974. Edited by J. A. Goldstein. IV, 389 pages. 1975. DM 32,-

Vol. 447: S. Toledo, Tableau Systems for First Order Number Theory and Certain Higher Order Theories. III, 339 pages. 1975. DM 30,-

Vol. 448: Spectral Theory and Differential Equations. Proceedings 1974. Edited by W. N. Everitt. XII, 321 pages. 1975. DM 30,-

Vol. 449: Hyperfunctions and Theoretical Physics. Proceedings 1973. Edited by F. Pham. IV, 218 pages. 1975. DM 23,-

Vol. 450: Algebra and Logic. Proceedings 1974. Edited by J. N. Crossley. VIII, 307 pages. 1975. DM 28,-

Vol. 451: Probabilistic Methods in Differential Equations. Proceedings 1974. Edited by M. A. Pinsky. VII, 162 pages. 1975. DM 20,-

Vol. 452: Combinatorial Mathematics III. Proceedings 1974. Edited by Anne Penfold Street and W. D. Wallis. IX, 233 pages. 1975. DM 23,-

Vol. 453: Logic Colloquium. Symposium on Logic Held at Boston, 1972–73. Edited by R. Parikh. IV, 251 pages. 1975. DM 25,-

Vol. 454: J. Hirschfeld and W. H. Wheeler, Forcing, Arithmetic, and Division Rings. VII, 266 pages 1975. DM 25,-

Vol. 455: H. Kraft, Kommutative algebraische Gruppen und Ringe. III, 163 Seiten. 1975. DM 20,-

Vol. 456: R. M. Fossum, P. A. Griffith, and I. Reiten, Trivial Extensions of Abelian Categories. Homological Algebra of Trivial Extensions of Abelian Categories with Applications to Ring Theory. XI, 122 pages. 1975. DM 18,-